엄마 교실

엄마 교실

초판 1쇄   2013년 12월 10일
지은이   김성은
펴낸이   김영재
펴낸곳   책만드는집

주소   서울 마포구 합정동 428-49번지 4층 (121-887)
전화   3142-1585·6
팩스   336-8908
전자우편   chaekjip@naver.com
출판등록   1994년 1월 13일 제10-927호
ⓒ 김성은, 2013

ISBN 978-89-7944-456-8 (13590)

이 도서의 국립중앙도서관 출판사도서목록(CIP)은 e-CIP
홈페이지(http://www.nl.go.kr/cip.php)에서 이용하실 수 있습니다.
(CIP제어번호 : CIP2013023078)

0～10세 아이 엄마들의 육아 필독서

엄마
교실

김성은 지음

책만드는집

아이를 바꿀 것인가 함께 바뀔 것인가

이 시대의 아이들이 아프다. 어른들은 자신들의 욕심과 판단 속에서 아이들의 마음에 상처를 남기고 그 상처가 곪을 때까지 그대로 방치해버린다. 사실 아이에게 나타나는 거의 모든 문제는 부모가 인지하고 변화하면 고쳐지고 사라지는 문제들이다. 부모의 양육 태도에 따라 아이의 인생도 변한다. 지금 당장 눈앞의 만족을 위해 아이를 점점 위축되게 만드는 우를 범하지 말기를 당부한다. 지금 조금 느린 것 같고 다른 아이들보다 뒤처지는 것 같아 보여도 멀리 보면 그것이 앞에서 가는 것이고 인생에서 행복을 맛보며 사는 이기는 인생으로 가는 길이라는 것을 기억하도록 하자.

요즘 서점에 가보면 자녀 교육서들을 쉽게 접할 수 있다. 아이들에게서 흔히 나타나는 이상행동들에 관한 대처법을 제시해주는 책이 대부분이다. 나는 그 책들이 엄마가 변하면 아이도 변한다는 간단명료한 공식을 이야기하지 않았음에 아쉬운 마음이 들었다. 또한 태초부터 인간의 삶과 함께해온 예술이 주는 즐거움이 아이 양육에 도움이 된다는 것을 이야기하고 싶었다.

특히 음악을 아이의 양육에 흡수시켜 더 즐겁고 올바르게 아이를 양육하고, 아이 역시 문제가 되는 부분들을 더욱 자연스럽고 수월하게 고쳐나가는 방법들을 알려주고 싶었다.

이 책을 통해 조금은 색다른 자녀 양육의 방법으로 내 아이에게 다가가 보자.

아이에게 줄 수 있는 최고의 선물은 바로 함께하는 엄마, 아빠라는 것을 잊지 말기 바란다.

2013년 초겨울

김성은

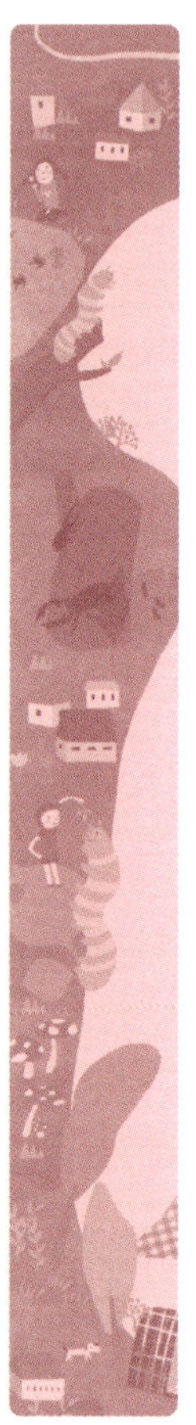

Chapter 03

성격에 따라 아이를 대하는 방법도 달라야 한다

엄마를
화나게 하는
아이의 행동

01

공공장소에서 말을 듣지 않아요

　"대형마트에서 아이가 갖고 싶은 게 있으면 사달라고 떼쓰고 징징거리며 드러누워 버려요. 이럴 때 어떻게 대처해야 아이의 버릇도 나빠지지 않고 잘 넘어갈 수 있을까요?"

　"다섯 살 남자아이입니다. 백화점, 식당, 마트 등 공공장소에만 가면 여기저기 뛰어다니고 소리를 지릅니다. 조용히 하라고 주의를 주어도 전혀 효과가 없고, 화가 나서 목소리를 높여 혼내면 엄마나 아빠를 때리기도 합니다. 밀폐된 공간에서 여러 번 타이르기를 시도했는데 잠깐 동안 조용한가 싶다가도 다시 개방된 공간에 나오면 위의 행동이 반복됩니다. 정말 어떻게 대처해야 할지 난감합니다."

아이를 키우는 부모들이 가장 힘들어하는 한 가지가 바로 아이들의 '떼쓰기'다. 집 안에서는 타이르고 야단을 쳐서 말을 듣게 할 수 있지만 사람들이 많은 공공장소에서 울고 뒹굴고 막무가내로 떼를 쓸 때는 정말 난감해진다. 이때 어떤 부모는 사람들 보기에 창피하고 화가 난 나머지 아이에게 손찌검을 하기도 한다. 나는 특히 공공장소에서 아이가 부모에게 손찌검을 당하는 모습을 보면 정말 마음이 아리고 안타깝다. 한편으로 눈에 넣어도 아프지 않을 자식을 체벌하는 부모의 마음은 얼마나 속상할까 하는 생각도 든다.

그렇다면 부모에게 야단을 맞으면서도 왜 아이들은 떼를 쓰는 걸까? 그 이유를 다음 세 가지로 꼽아볼 수 있다.

첫째, 아이들은 아직 미성숙하기 때문에 이성적 판단보다는 자신의 욕구대로 행동한다. 아직 다른 사람들의 감정을 이해하거나 상황을 판단하는 능력이 부족하기 때문에 자신의 욕구가 좌절되면 떼를 쓰는 것이다.

둘째, 아이들은 자신의 감정을 적절하게 표현하지 못하기 때문이다. 자신의 감정을 정확하게 표현하는 것이 힘들기 때문에 울고 뒹굴고 소리 지르며 자신의 격한 감정들을 표현하는 것이다.

셋째, 과거에 떼를 써서 자신의 욕구를 충족해본 경험이 있기 때문이다. 과거의 경험을 통해 떼쓰기가 자신이 원하는 것을 얻는 방법이라고 생각해 계속해서 떼를 쓰게 된다.

여섯 살 된 지훈이 역시 마트에서 자신이 원하는 것을 사줄 때까지 소리 지르고 떼를 쓰곤 했다. 지훈이 엄마는 사람들 보기 창피하다는 생각에 지훈이가 원하는 것을 사주곤 했다. 하지만 갈수록 지훈이의 행동이 심해지자 이래선 안 되겠다는 생각이 들었다. 그래서 자신만의 원칙을 정했다고 한다.

"제 원칙은 간단해요. 화난 표정, 화난 목소리나 잔소리 없이 아이를 그냥 집으로 데리고 돌아옵니다. 물론 이 원칙은 식당에서든, 지하철역에서든, 은행이나 놀이공원에서든 예외 없이 적용해야 합니다. 집에 돌아온 뒤에는 아무 일 없었다는 듯이 평상시와 똑같이 지내면 됩니다. 이런 일이 반복되면 아이는 공공장소에서 떼를 쓰면 그곳에 있을 수 없게 된다는 교훈을 얻게 됩니다."

지금의 지훈이는 백화점이나 마트 등에서 떼를 쓰지 않는다고 한다. 고집을 피웠다간 즉시 집으로 돌아간다는 것을 잘 알기 때문이다.

아이가 공공장소에서 말을 잘 듣지 않는다면 지훈이 엄마의 방법과 더불어 다음 네 가지를 참고해보자.

아이의 요구를 어떤 날은 들어주고 어떤 날은 안 된다고 하면 아이는 혼란스러워진다. 아이의 요구에 응할 때는 늘 일관된 자세가 필요하다. 부모가 일관된 자세를 유지하면 아이는 자신의 행동에 따르는 결과를 예측하여 스스로 조절할 수 있게 된다.

아이가 떼를 쓸 때는 간단하게 안 되는 이유를 설명하고 안 된다고 말해주는 것이 좋다. 떼를 쓸 때 한 번 두 번 무심코 받아주면 아이는 떼쓰기가 자연스러운 자신만의 표현 방법이라고 생각할 수 있다. 그러니 아이에게 단호하게 "안 돼"라고 말해주도록 하자.

때론 아이가 떼를 쓰는 것에 대해 무시하는 것도 좋은 방법이다. 하지만 무조건 무시하는 것은 바람직하지 않다. 아이에게 자세한 설명 없이 아이의 행동을 무시하면 아이는 부모님이 자신을 미워해서 그런다는 생각을 하게 된다. 또한 아이가 떼쓰기를 그만두고 바른 행동을 하면 적절한 보상을 해주어야 한다. 그러면 아이는 더욱 엄마가 원하는 행동을 하려고 노력하게 된다.

넷째, '타임아웃'을 이용한다

"안 돼"라는 말에도 아이가 계속해서 떼를 쓴다면 일정한 장소에 아이를 앉혀두고 잠시 진정하고 생각할 수 있는 시간을 준다. 일정한 시간이 지난 후 아이에게 잘못에 대해 간단하게 말해준 뒤 다음부터는 그러지 않겠다는 다짐을 받고 타임아웃을 해제한다. 이때 마지막에는 반드시 아이를 안아줌으로써 속상한 감정을 다독여주어야 한다.

아이가 떼를 쓴다고 감정적으로 가혹하게 대해선 안 된다. 아이들은 우리 어른들과 다르다. 아직 미성숙한 존재이기 때문에 이성적 판단보다는 자신의 욕구대로 행동하는 것이다.

내 아이는 아직 다른 사람들의 감정을 이해하거나 상황을 판단하는 능력이 부족하다는 것을 기억하자. 따라서 아이가 공공장소에서 소리 지르고 떼를 쓸 때 부모가 감정적으로 대하기보다 모든 면에서 미성숙한 아이의 입장에선 그러한 행위가 매우 자연스러운 일이라고 생각해보는 건 어떨까?

02

동생을
때리고 괴롭혀요

"첫째가 동생과 잘 놀다가도 갑자기 동생을 때리고 꼬집고 괴롭혀요. 어떤 날은 세게 물어서 팔에 잇자국이 선명하게 며칠씩 갈 때도 있어요. 도대체 첫째가 왜 그러는 걸까요? 어떻게 하면 동생을 괴롭히지 않을까요?"

"여섯 살 여자아이입니다. 집에서 동생과 둘이 사이좋게 놀다가도 조금이라도 마음에 들지 않는 부분이 생기면 가지고 놀던 장난감을 동생에게 집어 던지거나 소리를 지르고 때립니다. 심하게 야단을 치기도 하고 동생한테 했던 행동들을 아이에게 똑같이 흉내를 내어 보여주어도 바뀌지 않습니다. 어떻게 해야 아이의 버릇이 고쳐질지 막막합니다."

첫째가 자주 동생을 때리고 괴롭혀서 고민인 엄마들을 보게 된다. 대부분 이런 아이들은 그동안 부모의 사랑을 독차지하다가 동생이 생긴 후로 갑자기 그러한 행동을 하는 경우가 많다. 이는 보통 부모의 사랑을 동생에게 빼앗겼다는 피해 의식에서 비롯된다.

다섯 살인 지수는 동생이 생기기 전에 친구들과 놀 때에는 누구를 때린다거나 꼬집고 물고 괴롭힌 적이 없는 아이였다. 그런데 이상하게 동생이 생기고 나서는 동생을 괴롭히는 모습을 자주 보인다고 했다. 지수 엄마의 입장에서 보면 도저히 이해가 가지 않고 왜 동생을 자꾸 괴롭히는지 알 수가 없었다.

"큰애는 다섯 살, 둘째는 세 살입니다. 요즘 들어 부쩍 큰애가 동생을 괴롭히는 일이 잦아졌어요. 툭하면 때리고 동생이 쳐다만 봐도 '보지 마!' 하고 큰소리치면서 괴롭혀요. 처음에는 제가 큰애보다 동생에게 신경을 더 많이 쓰니까 질투해서 그러는 것이려니 하고 무심코 넘겼어요. 그런데 시간이 갈수록 더욱 심해집니다."

엄마가 다른 일을 할 때 첫째는 동생을 때리거나 꼬집는 등 괴롭힌다. 동생의 울음소리가 커져서야 엄마는 첫째가 동생을 괴롭혔다는 것을 알게 된다. 엄마가 집안일을 할 때는 동생에게 관심을 가져주고 예뻐해 주어야 하는 마당에 오히려 동생을 괴롭혔다는 사실을 알게 된 엄마는 첫째에게 다짜고짜 화를 내고 야단친다. 그러면 첫째는 그때만 잠시 멈출 뿐 돌아서면 또다시 동생을 괴롭히기 시작한다.

대부분의 엄마들은 첫째가 동생을 괴롭히는 근본적인 이유를 알지 못한다. 그러니 그저 첫째를 혼내고 야단치는 것으로 아이가 달라지겠거니 하고 여기는 것이다.

다섯 살 된 단이는 엄마가 보고 있어도 보란 듯이 동생을 꼬집곤 했다. 단이의 엄마도 처음에는 그런 단이를 야단치고 우는 동생을 달래며 안아주곤 했다. 하지만 시간이 지날수록 단이의 동생 괴롭히기는 더욱 심해져만 갔다.

고민 끝에 단이의 엄마는 크리스마스 선물로 인형을 준비했다. 단이에게 동생의 입장에서 생각해볼 수 있도록 하기 위해서였다.

"사람과 비슷하게 생긴 인형을 크리스마스 선물로 준비했답니다. 선물을 함께 뜯어보며 인형에 대해 설명해주었어요. '단이야, 아기 인형 어때? 단이가 한번 안아줘 봐. 귀엽고 예쁘지? 그런데 누가 단이 인형을 때리고 괴롭히면 어떨 것 같아? 단이 슬프겠지? 엄마도 단이나 동생을 누가 괴롭히면 화나고 슬플 것 같아. 단이가 동생을 때리거나 꼬집으면 동생이 아프잖아. 그럼 단이도 속상하고 엄마도 동생도 속상하겠지? 단이가 아기 인형을 예뻐하는 것처럼 동생도 괴롭히지 않고 예뻐해 주었으면 좋겠어. 그렇게 할 수 있겠지?'"

지금 단이는 동생을 괴롭히지 않는다. 동생에게 장난감 양보도 잘하고 함께 놀다가 동생이 마음에 들지 않게 행동해도 예전처럼 때리거나 괴롭히지 않고 엄마한테 달려가서 말하는 것으로 대신한다. 이제는 동생이 자신의 마음에 들지 않는다고 꼬집거나 때려선 안 된다는 것을 확실히 인지하고 있다.

나는 엄마들에게 첫째가 동생을 괴롭힐 때 다음과 같이 해보라고 조언한다.

첫째, 일주일에 한 번쯤은 첫째와 둘만의 시간을 가져보자

그동안 첫째는 동생이 태어나고 난 후 엄마와 둘만의 시간을 가지지 못했을 것이다. 특히 스킨십을 많이 할 수 있는 활동을 함께하면서 엄마와 멀어졌던 거리를 회복하는 데 시간을 할애해보자.

둘째, 동생이 보는 앞에서 첫째를 먼저 안아주고 애정 표현을 해주자

동생이 태어나고부터 첫째는 늘 두 번째로 밀려 무엇을 하든 동생이 먼저다. 따라서 두 번째로 밀려난 첫째의 섭섭한 마음을 풀어주는 동시에 엄마에게 있어 자신은 동생만큼 소중하다는 것을 느끼게 해주어야 한다.

셋째, 동생을 괴롭히는 행동에 대해서는 "안 돼"라고 단호하게

말하자

첫째가 동생을 괴롭히는 것에는 가족들의 관심을 다시 자기에게로 되돌리고 싶은 바람이 깔려 있다. 첫째를 야단치고 타일러도 그런 행동이 반복되는 것은 한바탕 꾸지람과 잔소리 뒤 "너는 형이잖아. 형이 동생을 보살펴 줘야지, 괴롭히면 돼? 다음에는 안 그럴 거지?"라며 건성으로 타이르기 때문이다. 동생을 때리고 괴롭히는 행동에 대해선 "안 돼"라고 단호하게 말해야 한다.

넷째, 동생과 억지로 친해지게 하지 말자

첫째가 동생을 때리거나 괴롭히면 부모들은 "형이 되어서 동생을 괴롭히면 못써. 동생이랑 친하게 지내야지. 동생 한번 안아주고 동생한테 사과해, 얼른" 이런 말을 한다. 그러나 이런 말은 첫째의 귀에 들어오지 않는다. 그저 부모의 사랑을 독차지한 동생이 얄미울 뿐이다. 첫째에게 억지로 동생과 친해지도록 강요해선 안 된다. 이는 첫째에게 큰 스트레스가 될 수 있다.

다섯째, 동생을 예뻐해 주었을 때 바로 칭찬으로 보상하자

동생이 생긴 후로 첫째는 부모의 관심을 동생에게 빼앗기게 된다. 어느 날부턴가 엄마 아빠가 동생에게만 신경을 쓴다면 첫째의 입장에서는 화가 나고 억울하다. 따라서 첫째의 마음을 보듬어줄 필요가 있다. 첫째의 마음에 상처가 될 수 있기 때문이다.

첫째의 작은 행동들에 대해 구체적으로 칭찬을 많이 해주면 도움이 된다. "우리 단이 잘했어! 바로 그렇게 동생을 예뻐해 주는 거야. 아주 멋져!" 엄마에게서 칭찬을 받으면 첫째는 여전히 엄마 아빠가 자신을 사랑하고 있다고 여기게 되기 때문에 동생을 괴롭히는 일이 줄어든다.

여섯째, 동생을 돌볼 수 있는 기회를 주자

첫째가 동생을 괴롭히는 행동 가운데는 일부 동생을 예뻐해서 하는 행동도 있다. 물론 동생을 대하는 법을 잘 알지 못하기 때문에 의도와는 다르게 동생을 괴롭히는 일이 되는 것이다. 따라서 가족들이 첫째에게 동생을 대하는 방법에 대해 알려줄 뿐 아니라 동생을 돌볼 수 있는 기회를 주는 것도 좋은 방법이다. 예를 들면 동생의 기저귀를 갈 때 첫째에게 기저귀를 가져다 달라고 부탁하거나, 동생에게 분유를 먹일 때 첫째의 손에 분유병을 쥐여주는 것이다. 그리고 첫째가 기저귀를 가져다주고, 동생이 분유를 잘 먹을 수 있도록 분유병을 잡아주는 행동에 대해 구체적인 칭찬을 해준다. 그러면 첫째는 동생을 돌보는 자신의 모습에서 언니나 형으로서의 자부심을 느끼게 된다. 자연히 동생은 자신보다 나약한 존재라는 것을 깨닫고는 엄마 아빠가 관심을 쏟는 것에 대해서도 자연스레 이해하게 된다.

　주의해야 할 것은 첫째가 동생을 때리고 괴롭힌다고 해서 체벌을 하거나 심하게 꾸중을 하면 안 된다는 것이다. 그럴 경우 아이의 마음에 반발심이 생긴다. 그리하여 가족들 앞에서는 동생에게 잘해주는 것같이 행동하지만 가족들 몰래 동생을 괴롭히는 행동을 하게 된다.

　첫째가 동생을 괴롭히는 것에 대해 계속적으로 소리를 지르고 말로 훈계하는 방법은 바람직하지 않다. 먼저 첫째의 입장에서 생각하고 공감해주어야 한다. 그리고 첫째에게 진심 어린 칭찬과 스킨십으로 여전히 엄마 아빠가 자신을 사랑하고 있다고 느끼게 해주는 것이 중요하다.

03

일부러
거짓말을 해요

내가 운영 중인 소리노리터에 윤아라는 친구가 있다. 윤아는 애교도 많고 매사에 긍정적이며 말썽을 피우는 일이 없어 나를 비롯한 여러 선생님이 예뻐한다. 그런데 하루는 윤아 엄마가 상담을 요청해 왔다. 다름이 아니라 요즘 들어 윤아가 자꾸만 거짓말을 지어서 한다는 것이었다.

"'엄마, 선생님이 나 때렸어. 그래서 내가 막 울고 엄마한테 이른다고 했어.' 유치원을 다녀온 윤아가 저에게 이런 말을 하는 거예요. '유치원에서 무슨 일이 있었나?' 하는 생각에 윤아에게 이것저것 꼬치꼬치 물어보았죠. 처음에는 우리 윤아가 어떤 잘못을 했는지 물어보고, 선생님께서 왜 윤아를 때렸는지 물어보다 결국은 유치원으로 가게 되었습니다. 그런데 선생님 말씀이 전혀 그런 일이 없었다고 하시는 거예요. 그러면서 유아기에 나타나는 일시적인 현상이라고 하시는데, 많이 황당하고 당황스러웠어요. 우리 윤아가 왜 그런 거짓말을 하는지 도대체 모르겠어요.”

아이를 키우다 보면 흔히 이런 일들을 겪게 된다. 우리 아이는 착하고 거짓말을 할 줄 모른다고 생각했는데, 어느 날 아이가 거짓말을 한다는 걸 알았을때 엄마는 어떻게 대처해야 할지 몰라 당황하게 된다. 어떤 엄마는 왜 거짓말을 하느냐며 아이를 윽박지르고 야단치기도 한다. 많은 엄마가 아이의 마음에 상처를 주지 않으면서 거짓말하는 버릇을 고치는 현명한 방법은 없는지 고민한다. 그러나 그 이전에 아이가 왜 갑자기 거짓말을 하는지에 대해 생각해볼 필요가 있다.

위의 사례에 나오는 윤아의 경우는 엄마나 다른 사람들의 관심을 끌기 위해 거짓말을 했을 가능성이 높다. 만 5세 이후의 아이들은 관심을 받기 위한 거짓말을 하는 경우가 많은데, 특히 부모님과 함께하는 시간이 적고 혼자서 노는 시간이 많은 아이일수록 거짓말이 나타나기 쉽다. 그 외에는 친구나 형제들 사이에서 자신이 돋보이고 싶어서 자기가 원하는 상황들을 마치 현실인 양 이야기하곤 한다.

만 4세가 된 유주 엄마의 이야기다.

“우리 유주 때문에 요즘 당황스러울 때가 많아요. 사람들 앞에서 아빠가 로켓을 타봤다느니, 여름에 할머니 집에 가서 낙타를 봤다느니, 누가 들어도 뻔한 거짓말을 서슴없이 잘해요. 한번은 자기가 가지고 논 장난감을 치우지 않고 그대로 있길래 '이거 누가 가지고 놀았어?' 하고 물었더니, '진호가 가지고 논 거야, 엄마' 하는 거예요. 다시는 거짓말 못 하도록 혼을 냈어요. 어떻게 하면 우리 유주의 거짓말하는 버릇이 없어질까요?"

유주의 경우에서도 볼 수 있듯이 아이들의 거짓말은 크게 두 종류로 구분할 수 있다.

첫째, 진실과 거짓을 구분하지 못하는 거짓말

아빠가 로켓을 타봤다느니, 여름에 할머니 집에 가서 낙타를 봤다는 등의 거짓말이 이에 해당한다.

만 3~5세의 아이들은 상상력이 아주 풍부하고, 뭐든 자기중심적이다. 어떤 생각이나 행동을 하든지 간에 타인은 안중에도 없이 자기 위주로 생각하고 행동한다는 말이다. 특히 이 나이 대에는 현실과 상상의 세계를 구분하지 못할 때가 있다. 그런데 어른들은 이를 아이가 거짓말을 하는 것으로 받아들인다. 하지만 이러한 경우는 성장 과정 중 누구나 겪는 발달 과정으로 있는 그대로 이해하는 것이 바람직하다.

진실과 거짓을 구분하지 못해 하는 거짓말은 앞에서 말했다시피 인지력이 떨어지는 어린 시절에 자주 나타난다. 한마디로 현실과 상상, 꿈과 실제 경험, 자신의 욕망과 현실을 명확히 구분하지 못하는 인지 발달의 한계로 인해 발생하는 문제인 것이다. 그런 만큼 아이를 무작정 야단쳐서는 안 된다.

둘째, 뻔히 거짓말인 줄 알고 하는 거짓말

자기가 가지고 논 장난감을 진호가 가지고 놀았다고 둘러대는 것이 이에 해당한다.

유주는 방금 전까지 자신이 가지고 논 장난감을 천연덕스럽게 진호가 가지고 놀았다고 거짓말을 했다. 이 또한 이 시기 아이의 생각에 착한 사람은 장난감을 가지고 논 뒤 잘 정리해야 하는데, 자신은 그러지 못했으니까 거짓말하는 것이다.

유아들과 다르게 초등학생들은 둘러대는 거짓말이 더 많다.

"집으로 바로 오려고 했는데, 영어 선생님이 남아서 공부 더 하고 가라고 했어."

도착할 시간이 지났는데 늦도록 집에 오지 않아 걱정을 하고 있던 엄마에게 태민이가 한 말이다. 말과는 다르게 숨을 헐떡이고 얼굴에는 땀이 흐른다. 밖에서 놀다 온 게 분명한데 이렇게 거짓말을 하는 것이다.

아이들은 부모님이나 선생님의 꾸중을 피하기 위해, 혹은 실망시키지 않기 위해 거짓말을 한다. 또한 나이가 많아질수록 스스로를 보호하기 위한 거짓말이 늘어간다.

이런 경우는 문제가 심각해서 반드시 훈육을 통해 바로잡아야 한다. 단, 고의로 하는 거짓말이 나쁘다는 것을 알려줄 필요는 있으나, 거짓말을 한다는 이유로 수치심을 느낄 정도로 심하게 아이를 혼내는 방법은 옳지 않다.

아이들이 거짓말을 할 때 무작정 혼내기보다 교훈이 담겨 있는 이야기를 통해 거짓말하는 행동을 수정하는 것도 좋은 방법이다. 부모들이 흔히 해주는 이야기가 있는데, 바로 〈양치기 소년〉과 〈피노키오〉 이야기다. 이 두 이야기의 공통점은 거짓말을 하면 벌을 받는다는 것이다. 나는 이 이야기들과 함께 거짓말을 습관처럼 하는 아이들에게 〈조지 워싱턴과 체리나무〉 이야기를 들려준다. 이야기의 핵심은 진실을 이야기하면 더 큰 이익을 본다는 것이다.

〈조지 워싱턴과 체리나무〉 이야기의 줄거리를 간략하게 소개하면 다음과 같다.

미국의 초대 대통령인 조지 워싱턴이 어렸을 때의 일이다. 아버지에게 선물 받은 손도끼를 가지고 정원에서 놀던 조지 워싱턴은 실수로 아버지가 아끼는 체리나무를 베고 말았다.

다음 날 체리나무를 발견한 아버지는 매우 화가 나 가족에게 누가 체리나무를 베었는지 호통을 치며 물었다. 아무도 말을 못 하고 내가 아이들에게 이 이야기를 들려주면 아이들도 나름대로 눈치와 생각이 있어서 자연스럽게 잘 알아듣는다. 아이가 거짓말을 했다고 해서 감정적으로 대하기보다 교훈이 숨어 있는 이야기를 들려줌으로써 스스로 거짓말하는 행동을 수정할 수 있도록 하는 것이 좋다.

어떤 엄마는 아이가 거짓말을 했을 때 "너, 엄마가 거짓말하면 나쁜 어린이라고 했어, 안 했어?" 하고 몰아세우며 야단친다. 그럴 경우 아이는 그 순간을 모면하기 위해 계속 거짓말을 하게 된다. 따라서 꾸짖는 대신에 먼저 아이의 거짓말을 잘 살펴보고 뻔히 거짓말인 줄 알고 하는 거짓말인지, 진실과 거짓을 구분하지 못해서 하는 거짓말인지 파악해야 한다. 전자의 경우 반드시 교육을 통해 바로잡아야 하지만 후자의 경우는 성장 과정 중 누구나 겪는 발달 과정으로 있는 그대로 이해하는 것이 바람직하다.

04

잘못을 인정하지 않고 핑계만 대요

"엄마 지갑에서 함부로 돈을 꺼내 가면 안 된다고 했지? 왜 가져갔어? 가져가서 뭐 한 거야? 엄마가 자기 것이 아닌 것에 함부로 손대는 건 나쁜 짓이라고 했잖아!"

이제 곧 여덟 살이 되는 재민이의 엄마로부터 요즘 속상하다며 연락이 왔다. 재민이가 엄마의 지갑에서 함부로 돈을 꺼내 쓰는 일이 잦다는 것이었다. 더 화가 나는 건 재민이가 혼나면서도 결코 잘못했다는 말을 하지 않는 것이라고 했다. 잘못을 인정하기보다 핑계만 댄다는 것이다.

"친구들이랑 놀이터에서 놀기로 했는데, 이번에는 내가 간식 사주기로 했단 말이야. 엄마한테 말하려고 했는데 엄마가 없었잖아. 그리고 다 쓴 것도 아니고 2천 원이나 남았어.”

재민이 엄마는 재민이의 핑계를 듣고 있으면 속에서 열불이 나서 미치겠다고 토로했다. 사실 아이가 자신의 잘못을 인정하지 않고 거듭 핑계만 댄다면 누구나 화가 치밀어 아이의 입장에서 공감하기보다 본인의 감정이 앞서게 된다. 그래서 엄마는 더욱 화가 나서 그 순간 아이를 타이르지 못하고 소리를 지르거나 감정 조절 없이 심하게 혼내는 경우가 생기곤 한다. 아이가 그냥 솔직하게 털어놓으면 따끔하게 혼내고 꼭 안아주리라 생각했는데, 예상과 다른 아이의 반응에 적잖게 당황하는 것이다.

초등학교 3학년인 연수와 엄마는 하루가 멀다 하고 입씨름을 한다.

“엄마가 어젯밤에 빨리 자라고 했는데도 취침 시간 안 지키고 늦게까지 놀더니 학교에 지각하면 어떡해?”

“엄마가 빨리 안 깨웠잖아. 그리고 어제 늦게까지 논 거 아니야! 엄마 때문이야! 엄마가 내 방 불을 안 꺼줘서 그런 거 아니야!”

엄마가 연수의 잘못된 행동에 대해 말할 때마다 연수는 한 마디도 지지 않고 핑계를 댄다. 그럴 때마다 연수 엄마는 속이 터진다. 연수가 눈에 뻔히 보이는 자신의 잘못을 인정하지 않고 왜 자꾸 핑계만 대는지 엄마는 도무지 이해가 가지 않는다.

아이들이 자신의 잘못을 인정하지 않고 핑계를 대는 이유는 무엇일까?

아이들이 핑계를 대는 이유는 크게 세 가지로 볼 수 있다.

첫째, 자신의 잘못은 알지만 엄마에게 실망감을 주고 싶지 않아서다

이런 경우, 핑계를 대는 것이 엄마의 마음을 더 속상하게 한다는 걸 알려주어야 한다. 그러고 나서 아이가 솔직하게 말하고 잘못을 인정했을 경우 칭찬과 함께 아이를 꼭 안아주는 것이 좋다. 아이는 엄마가 자신을 이해해준다는 생각에 그동안의 상처들까지도 치유할 수 있게 된다.

둘째, 단순히 엄마가 화내는 것이 싫고 혼나기 싫어서다

아이가 평소 엄마가 무섭게 화내는 모습을 자주 보았기 때문에 그런 모습을 다시 보고 싶지 않거나 기억하고 싶지 않기 때문이다. 아이의 눈에 비친 엄마의 모습이 굉장히 낯설게 느껴져 또 보고 싶지 않은 것이다. 이럴 경우 아이가 핑계를 대는 행동이 아무리 답답하고 화가 나더라도 화를 내거나 야단쳐서는 안 된다.

오히려 평소 엄마 자신의 모습을 돌아볼 필요가 있다. 엄마의 화내는 모습을 고치지 않으면 아이는 거듭 자신의 잘못을 인정하기보다 핑계를 대게 된다. 아이는 엄마가 화내는 모습이 싫기 때문이다.

셋째, 습관처럼 핑계를 대는 것이다

아이가 처음 한두 번 핑계를 댈 때는 엄마가 인지하지 못했거나 혹은 인지를 했더라도 그냥 넘어갔을 것이다. 그러다 보니 아이 입장에서 핑계를 대는 버릇이 굳어진 것이다.

이럴 때는 아이와 함께 '핑계'에 대해 이야기를 나누고 둘만의 약속을 정해서 종이에 적어보자. 앞으로 핑계를 대는 대신에 어떻게 말하고 행동해야 할 것인지 정해보는 것이다. 그리고 그 종이를 잘 보이는 곳에 붙여놓고 자주 인지할 수 있도록 하자. 엄마와 함께 정한 약속이므로 엄마가 잘 도와줄 것이라는 것과 아이도 약속을 지키기 위해 노력해야 한다는 것을 이야기해주자.

초등학교 2학년 경찬이의 엄마는 담임선생님으로부터 다음과 같은 문자 메시지를 받았다.

"경찬이 어머니, 요즘 경찬이가 자주 숙제를 안 해 와요. 이유를 물어보면 집에 두고 왔다고 말하거나, 집에 손님이 와서 숙제를 못 했다고 하네요."

문자 메시지를 받은 경찬이 엄마는 너무나 당황스러웠다. 순간적으로 화가 치밀었지만 학교에서 돌아온 경찬이의 이야기를 들어보기로 했다.

"현태가 만들기 숙제, 다음 주까지라고 해서…… 숙제하려고 했는데 사촌 동생이 와서…… ."

경찬이 엄마는 경찬이가 하는 말이 사실이 아니라는 것을 알고 있었다. 무엇보다 화가 나는 것은 경찬이가 잘못을 인정하기보다 계속 이런저런 핑계를 대는 것이었다. 이날 경찬이 엄마는 눈에 보이는 회초리로 경찬이를 체벌하고 말았다.

그 후로 경찬이는 엄마를 볼 때마다 더욱 주눅이 들어 엄마와 눈을 마주칠 때마다 피한다.

경찬이의 경우, 아이가 알아들을 수 있게 단호하지만 부드럽게, 솔직한 심정을 말하는 것이 좋다.

"숙제는 누가 하는 거지? 엄마가 대신 하는 것일까? 아니면 경찬이 스스로 해야 하는 걸까? 엄마는 경찬이가 숙제를 안 해 가고 선생님께 꾸중을 들었다는 말에 정말 속상했어. 엄마는 앞으로 우리 경찬이가 숙제를 잘 해 갔으면 좋겠어. 그럼 오늘은 엄마랑 함께 숙제를 해볼까? 힘든 부분이 있으면 엄마가 도와줄게."

이렇게 엄마가 아이의 입장을 이해해주고 공감해주는 것이 중요하다. 아이는 엄마가 자신을 이해해주고 공감해주기 때문에 더 이상 핑계를 댈 필요가 없어진다. 시간이 지나면서 엄마에게 핑계를 대기보다 숙제를 제때 해 가는 것이 더 마음이 편하다는 것을 깨닫게 된다.

아이들은 신기하게도 엄마의 모습을 그대로 닮아간다. 보통 엄마들은 아이의 그릇된 모습을 보면서 '난 어릴 때 안 그랬는데, 우리 아이는 누굴 닮아서 그러지? 뭐가 문제일까?' 하고 나 아닌 다른 곳에서 이유를 찾는다. 내 아이에게 문제가 있다는 생각이 든다면 한 번쯤은 자기 자신을 되돌아보자. 그리고 우리 어른들 또한 살아가면서 알게 모르게 많은 핑계를 대고 살아간다는 것을 기억하자.

05

화가 나면
소리를 질러요

하루는 일곱 살 난 영민이의 엄마가 상담 요청을 해 왔다.

"원장님, 우리 영민이가 자기 뜻대로 되지 않으면 소리를 지르고 엄마를 때리기도 해요. 동생하고 놀다가도 마음에 들지 않으면 동생에게 소리를 지르고 밀어 넘어뜨리기도 하고……. 유치원에서도 친구들과 놀다가 화가 나면 소리를 질러서 선생님에게서 전화가 온 적이 한두 번이 아니에요. 왜 그러는지, 뭐가 문제인지 모르겠어요. 어떻게 해야 영민이의 문제 행동을 고칠 수 있을까요?"

영민이 엄마의 표정이 사뭇 심각했다. 그래서 먼저 크게 걱정 안 하셔도 된다고 안심시켜드렸다. 영민이 엄마는 영민이의 문

제 행동을 개선하기 위해 아이와 더 자주 가까이서 함께 시간을
보낼 필요가 있었다.

아이와 함께하는 시간이 많아지면 자연스레 아이의 성격과 기
질 등에 대해 잘 알게 된다. 대부분 아이들은 자신의 감정 표현을
제대로 하지 못해 소리를 지르며 불편한 감정을 표현하기도 하는
데, 영민이의 경우도 아직 자기 감정 조절 능력이 부족해 표현할
방법을 몰라 소리를 지르는 경우에 해당되었다.

보통 아이들은 자신의 불편한 감정이나 욕구불만 등을 표현하
기 위해 소리를 지른다. 하지만 안타깝게도 엄마와 선생님은 아
이가 소리를 지를 때 이해나 공감을 해주기보다 혼내고 야단칠
때가 많다.

"조용히 해! 엄마가 소리 지르는 것 아니라고 했지? 또 소리
질러봐. 혼날 줄 알아!"

아이의 마음 상태를 고려하지 않은 이런 식의 야단은 아이를
더욱 화나게 한다. 아이는 자신의 말에 귀 기울이기보다 야단만
치는 엄마가 더욱 원망스럽게 느껴진다. 그러므로 시간이 지날
수록 아이의 행동은 더 심해지는 것이다.

영민이는 음악 수업 중에도 종종 그런 행동을 보였다. 그럴 때
마다 나는 영민이와 시선을 마주하면서 방금 한 행동은 잘못된
행동이라는 것을 설명해주었다. 그리고 영민이가 화가 날 때 소
리를 지르거나 떼쓰지 않고도 자신의 마음을 표현할 수 있다는

것을 알려주었다.

또한 영민이와 선생님들과 다음과 같이 약속을 정했다.

선생님들에게도 영민이가 소리를 질러서 수업을 방해하더라도 절대 화내거나 야단치지 말고 현재 영민이의 기분을 이해해주고 공감해줄 것을 당부했다. 영민이가 그 약속을 잘 지켰을 때는 칭찬과 함께 상도 주었다. 물론 자주 소리를 지르는 경우도 있었지만 시간이 갈수록 영민이의 문제 행동은 점차 나아졌다.

나와 선생님들의 노력이 빛을 발한 걸까. 이제 수업 중에 영민이는 그런 문제 행동을 하지 않는다. 물론 집에서도 영민이의 소리 지르는 행동이 눈에 띄게 줄었다고 한다.

영민이 엄마가 활짝 웃으며 말했다.

"원장님, 희한하게도 영민이가 소리노리터에 가기 시작한 뒤로 소리를 지르는 일이 거의 없어졌어요. 예전에는 하루에도 몇 번씩 소리를 질러서 저와 아빠한테 혼났거든요. 지금은 불만이 있으면 말로 표현하는데, 그 모습이 얼마나 예쁜지 모르겠어요."

또 다른 친구가 있다. 이제 곧 아홉 살이 되는 재현이다. 재현이는 자기 마음에 들지 않으면 큰소리로 "아~~~~!" 하고 계속

소리를 지른다. 소리를 지르다 못해 악을 쓸 때도 많다. 간혹 엄마나 아빠가 소리노리터로 재현이를 데리러 오시는데, 나에게 으레 하는 질문이 있다.

"원장님, 우리 재현이 오늘 말 잘 들었어요?"

그리고 나서 나에게서 만족스러운 대답이 나오지 않으면 내가 보는 앞에서 "재현이 너, 집에 가서 보자!"라며 으름장을 놓곤 했다. 그 순간 재현이의 눈에 두려움이 가득한 것이 보였다. 극구 집에 가기를 싫어하며 또 고집을 부리고 소리를 질렀다.

나는 영민이와 마찬가지로 재현이를 꾸준히 지켜보면서 왜 그러한 행동을 하는지 알 수 있었다. 재현이의 경우는 어릴 때부터 자기의 감정 표현을 자유롭게 하지 못한 채 늘 부모님의 선택과 판단 속에서 통제를 받으며 자란 것이 문제였다. 또한 재현이의 부모님은 칭찬에 인색한 편이어서 좀처럼 재현이를 인정하고 칭찬해주는 일이 드물었다. 엄마 아빠의 사랑을 듬뿍 받고 자라야 할 나이인 재현이에게 가장 절실한 것이 부모님의 사랑과 칭찬이지만, 재현이의 부모님은 재현이의 행동이 마음에 들지 않을 때마다 질책하고 야단치곤 했다. 내가 보기에는 재현이의 상처 입은 마음에 약을 발라주는 것이 먼저였는데 말이다. 그래서 나는 재현이의 부모님에게 아이에게 자주 격려와 칭찬을 해주고 애정 표현을 해줄 것을 당부했다. 나 역시 재현이를 인정하는 말과 칭찬을 자주 해주었다. 그리고 순간순간 보이는 재현이의 장점을 찾아 기억해두었다가 "저번에 우리 재현이가 ○○한 것 기억나? 정말 멋졌어!" 하며 칭찬을 해주었다. 재현이는 이처럼 나를 비롯한 선생님들이 자신에게 많은 관심을 두자 달라지기 시작했다. 자연스레 소리 지르는 빈도가 줄어들더니, 몇 개월 뒤에는 너무나 의젓하게 변했다. 더 이상 화가 난다고 해서 소리를 지르지 않았다. 소리를 지를 필요가 없어졌기 때문이다.

며칠 전 재현이 엄마가 소리노리터에 피자 몇 판을 사 오셨다. 재현이의 문제 행동이 고쳐진 것이 너무나 고마워서 그냥 있을 수 없어 찾아오셨다는 것이었다. 이런 순간이 내가 가장 보람을 느끼는 순간이다.

언젠가 "돌 이전의 아기도 스트레스를 받는다"라는 기사를 읽은 적이 있다. 어른들은 '아기가 무슨 스트레스를 받아!' 하는 생각을 할 수도 있겠다. 하지만 아직 말을 못 하는 아기도 뭔가 마음에 들지 않는 부분이 있으면 울음으로 대신 마음을 표현한다. 스트레스가 울음으로 나오는 것이다.

자신의 생각과 철학이 서서히 여물기 시작하는 우리 아이들은 오죽할까? 아이들 중에 자기 감정 조절 능력이 부족해 소리를 지르는 것으로 표현을 대신하는 아이도 있다. 따라서 이런 아이를 둔 엄마는 화내고 야단치기보다 먼저 아이의 마음을 잘 헤아리고 보듬어줘야 한다. 아이에게 있어 엄마의 칭찬과 격려만 한 치유약은 없기 때문이다.

06

사람들 앞에서
욕설을 해요

요즘 길에서 아이들의 욕설을 심심찮게 듣게 된다. 초등학생, 중고등학생뿐 아니라 미취학 아이들의 입에서도 쉽게 욕설이 나온다.

"X새끼!"

"에이 씨X!"

"엄마 나빠! 아빠도 미워! 씨X!"

요즘 아이들의 입에서 나오는 말들이다. 이런 말들을 내 아이의 입을 통해 들으면 부모는 적잖이 당황스럽다. 특히 사람들 앞에서 그런 욕설을 하면 부모의 얼굴이 화끈 달아오른다. 너무나 난감하고 당황스러운 나머지 그 자리에서 아이를 호되게 혼내게 된다.

　사람들 앞에서 호되게 혼난 아이는 자존심에 상처를 입게 된다. 또한 아이는 왜 자신이 부모에게 혼나는지 그 이유를 알지 못하는 경우도 많다.

　어제 오후 여섯 살 난 딸아이를 키우는 친구에게서 전화가 왔다.

　"성은아, 나 어제 깜짝 놀란 일 있었잖아. 글쎄 부부 동반 모임을 갔는데, 우리 정민이가 사람들 앞에서 욕설을 섞어 말하지 뭐야? 그런 말을 어디서 배워 왔는지, 나 너무 부끄럽고 당황해서 혼났다니까. 우리 정민이 왜 그런 말을 하는 거니?"

　친구의 어조에서 욕설을 내뱉는 딸아이 때문에 많이 힘들었음을 알 수 있었다. 창피스러운 일이어서 고민 고민하다가 내가 아이들을 대상으로 소리노리터를 운영하고 있다는 생각이 떠올라 전화를 한 것이었다.

　친구의 말을 들어보면 정민이는 욕설이 뭔지도 모르고 어른들이 이야기하는 모습이나 TV에서 보고 들은 것을 그대로 따라 하는 경우일 가능성이 커 보였다. 사실 여섯 살이면 욕설이 나쁜 말인지, 좋은 말인지 구분하지 못한다. 그저 누군가에게서 들었던 말을 기억해두었다가 따라 하는 것이다. 그러므로 아이가 욕설을 할 때 그냥 넘기기보다 그 순간에 직접적으로 그런 말은 '해서는 안 되는 나쁜 말'이라는 것을 분명하게 인식시켜주어야 한다.

그래야 아이는 '아, 이런 말은 하면 안 되는구나' 하고 스스로 판단해 조심하게 된다.

무엇보다 가정에서 부모의 노력이 절실히 요구된다. 아이는 가장 가까운 곳에 있는 부모의 일거수일투족을 그대로 배운다. 아이를 키우는 부모가 특히 말과 행동을 극도로 조심해야 하는 이유가 여기에 있다. 아이들 앞에서 욕설이 나오는 프로그램은 보지 않는 것이 바람직하다. 간혹 부부 싸움을 하다 보면 감정이 격해져서 자신도 모르게 아이 앞에서 욕설을 내뱉게 될 수도 있는데, 이보다 위험한 일은 없다. 아이는 부모가 하는 말을 그대로 기억하기 때문이다.

하연이 엄마의 말이다.

"아이를 너무 어릴 적부터 기관에 보내서인지 아이가 다른 친구들과 잘 어울리기는 하는데 예쁜 말을 안 써요. 조그만 일에도 욕을 해서 사람들 앞에서 저를 당황시켜요. 엄마 아빠가 맞벌이한다고 너무 신경을 못 써서 그런 것 같아 한편으론 마음이 아픕니다. 아이가 욕을 할 때마다 심하게 혼내긴 하지만 무작정 혼내기만 해선 안 될 것 같다는 생각이 들어서 상담 요청을 했습니다. 우리 아이 욕하는 버릇 고칠 수 있을까요?"

하연이는 자기 의사 표현을 똑 부러지게 하는 아이다. 하지만 충격적인 것은 심한 욕을 자주 한다는 것이다. 놀이터에서 아이들과 놀다가 화가 나거나 상황이 자신의 마음에 들지 않으면 거

침없이 욕을 한다. 그러나 부모가 맞벌이를 하는 탓에 1년 동안 방치되다시피 했다고 한다. 그렇다 보니 이제는 나쁜 말버릇이 몸에 배어 혼자 있을 때도 습관처럼 욕을 할 정도가 되었다.

하연이 엄마와 같은 고민을 하는 엄마들이 많다. 다만 내놓고 말하기 창피한 문제여서 그저 쉬쉬하고 있을 뿐이다. 그 어떤 부모도 자신의 아이가 욕을 잘한다면 기분이 좋을 리 없다. 하지만 아이가 욕을 할 때마다 심하게 혼낼 뿐 어떻게 해야 하는지 몰라 발만 동동 구르고 있다.

나는 그동안 소리노리터를 운영하면서 아이가 하는 말씨는 가정환경에 따라 아주 다르게 나타나는 것을 보았다. 특히 집안 분위기에 따라서 아이들의 말하는 태도가 다르다. 감정적인 부모님 밑에서 자란 아이는 성급하고 말을 함부로 내뱉을 가능성이 크다.

초등학교 2학년 현종이의 사례를 보자.

현종이는 말이 거칠다. 친구들과 이야기를 할 때도 어른과 대화를 할 때도 자신도 모르게 이야기하는 중에 버릇처럼 욕설이 나온다. 여러 사람이 있을 때는 더욱 욕설을 쓰려고 노력하는 듯 보인다. 마치 욕설을 함으로써 자신이 강하다는 걸 과시하려는 것 같았다.

또래 친구들과 대화하는 모습에서는 친구들보다 강해 보이고 싶은 마음이 커 보였다. 욕설이 입에 밴 듯 사용하는 모습을 보고 있자니 가슴에 뭔가가 쿵 떨어지는 느낌이 들었다. 더 이상 현종이를 그냥 두고 볼 순 없었다.

그래서 현종이 엄마와 상담을 가졌다.

"어머니, 현종이가 예쁜 말을 쓰지 않아서 저와 우리 선생님들이 자주 놀라요."

내 말이 끝나기가 무섭게 현종이 엄마의 거친 말이 튀어나왔다.

"아니 이놈이, 선생님한테도 욕지거리를 해요? 이 자식 안 되겠어. 당장 내가 혼내줘야지!"

나는 그제야 현종이의 욕하는 버릇이 어디에서 비롯되었는지 알 수 있었다. 바로 부모님에게서 배운 것이었다. 현종이의 함부로 말하고 욕하는 버릇을 고치려면 엄마 아빠가 먼저 거친 말과 욕하는 행동을 수정하는 것이 절실히 필요했다. 아무리 나와 선생님들이 현종이에게 욕설을 쓰지 않도록 가르쳐도 가정에서 똑같은 지도가 이뤄지지 않는다면 아무런 소용이 없는 것이다.

현종이의 부모님은 현종이를 혼내도 보고 타일러도 보았다고 말했다. 그런데도 아이의 욕설이나 비속어를 쓰는 빈도가 점점 높아가고 있다고 했다. 부모님이 일상적으로 욕설을 자주 쓰는데 현종이가 그런 것은 당연한 것이 아닌가.

나는 현종이 엄마에게 가정에서 절대로 거친 말과 욕설을 쓰지 말 것을 당부했다. 그렇지 않고선 절대 현종이의 말씨를 바꿀 수 없다고 충고했다. 나와 소리노리터의 선생님들, 그리고 현종이 부모님의 합심된 노력으로 시간이 지나면서 현종이의 욕하는 횟수가 줄어들기 시작했다. 3개월이 지난 지금은 예전의 거친 말하고 욕하는 현종이를 찾아볼 수 없다. 180도로 달라진 것이다.

우리는 보고 듣는 것을 말로 한다. 그것은 아주 자연스러운 현상이다. 그리고 그 말이 자신의 습관으로 자리 잡는다. 말은 한 번 입에 익으면 고치기가 매우 어렵다. 따라서 아이 앞에서는 예쁜 말, 따뜻한 말, 애정이 담긴 말을 쓰도록 노력해야 한다. 아이는 부모가 쓰는 말씨를 그대로 닮기 때문이다.

세 살 버릇 여든까지 간다는 속담이 있다. 지금 내 아이가 사람들 앞에서 욕설을 서슴없이 한다면 절대 그냥 넘겨선 안 된다. 먼저 엄마 아빠의 평소 말씨와 가정의 분위기를 돌아봐야 한다. 아이의 문제 행동의 원인은 99.9%가 가정에 있기 때문이다.

욕하는 아이 대처법

1. '생각하는 의자' 활용하기

거실 한곳을 훈육 장소로 정해 '생각하는 의자'를 놓아두고, 욕설을 할 때마다 그곳에 앉혀 반성하는 시간을 갖도록 한다. 아이에게 직접적으로 혼을 내거나 체벌을 가하지 않으면서 아이 스스로 문제 행동을 수정하도록 유도할 수 있다.

2. 외부에서의 훈육 잊지 않기 : 일관성 있는 훈육

마트, 백화점 등 사람들이 많은 곳에서 아이가 욕을 할 때는 일단 조용한 곳으로 데리고 간다. 아이의 눈높이에 맞춰 엄하면서 간결하게 이야기한다. 훈육한 뒤에는 포옹을 해줌으로써 상처받은 마음을 보듬어준다.

3. 욕 대체어를 알려주기

입에 붙은 욕을 하루아침에 바꾸기란 쉽지 않다. 아이에게 갑자기 욕을 쓰지 못하게 하면 매우 당황하고 어떻게 기분을 표현할지 몰라 한다. 이럴 때는 욕 대신에 "정말 싫어", "많이 속상해", "기분이 나빠" 등의 대체어를 알려주고 쓰도록 도와주자.

버릇없는 행동과 말로 반항해요

"에이씨, 이게 뭐야? 나 이 옷 안 입을래. 엄마나 입어. 나 이 색깔 짜증 난단 말이야."

"강훈아, 엄마가 너 주려고 고른 옷이야. 한번 입어보자, 응?"

"싫다니까! 그 옷 안 입어. 누가 그 옷 입고 싶댔어? 옷가게 다시 갖다 줘버려!"

올해 초등학교에 입학한 강훈이와 엄마의 대화다. 요즘 들어 부쩍 강훈이가 엄마의 말에 대들거나 반항하는 일이 잦다. 그래서 하루가 멀다 하고 엄마와 강훈이의 실랑이가 벌어진다고 했다.

강훈이는 얼마 전만 해도 그러지 않았다. 엄마가 옷을 사 오면 "감사합니다, 엄마!"라고 했던 강훈이인데, 요즘 왜 반항을 하는지, 도대체 무엇이 불만인지 도무지 알 수가 없다. 고민하던 강훈이 엄마는 비슷한 또래의 딸을 키우는 한 친구에게 고민을 털어놓았다. 그러자 친구 역시 딸아이의 신경이 날카로워졌다며 이렇게 토로했다.

"어머, 강훈이도 요즘 그래? 나도 우리 민정이에게 매일 큰소리 내고 있어. 글쎄 오늘 아침에는 가족이 다 모여 밥을 먹는데 식탁에서 난리를 피우지 뭐야? '엄마! 나 오늘 아침 안 먹을래. 이거 다 싫어. 나 그냥 학교에 갈 거야!' 하고 숟가락을 탁 놓고 일어나는 게 아니겠어? 화를 내자니 더 삐뚤어질 것 같고, 정말 미치겠어. 벌써 사춘기가 온 것도 아니고……."

아이를 키우다 보면 강훈이, 민정이처럼 버릇없는 말과 행동으로 부모 입장에서 화가 날 때가 있다. 물론 아이도 무언가가 자신의 마음에 들지 않거나 스트레스를 받으면 불만스러운 감정을 표현할 수 있다. 하지만 그 빈도가 잦다면 문제가 있다. 이때 대부분 '우리 아이가 도대체 왜 그러지? 학교에서 무슨 일이 있나?' 하며 고민하게 된다.

아이들이 반항을 하는 이유는 아주 단순하다. 간단히 세 가지로 볼 수 있다.

첫째, 단순히 마음에 들지 않아서
둘째, 부모가 심리적으로 자기의 마음을 알아주지 못해서 강훈이와 민정이의 경우는 두 번째에 가깝다고 볼 수 있다. 둘 다 여덟 살이 되고 나서 새로운 환경에 적응해나가는 과정에서 많은 스트레스를 받게 된다. 그래서 신경이 예민해지게 마련인데 아직 미성숙하다 보니 자신의 감정 조절을 잘 하지 못한다. 때문에 그대로 감정 표현을 하다 보니 그 모습이 엄마가 보기에 버릇없는 말과 행동으로 표출되는 것이다.

나는 이런 아이를 둔 엄마들에게 이렇게 조언한다.

"어머니, 지금 아이가 버릇없이 행동하는 것은 그만큼 스트레스가 심하다는 거예요. 그러니 아이를 무턱대고 혼내거나 야단쳐서는 안 됩니다. 그럴수록 아이는 새로운 환경에 적응하느라 힘든 자신의 마음을 알아주지 않는 엄마가 더 원망스럽게 느껴진답니다. 이때 아이의 입장에서 공감하면서 따뜻한 말을 해주어 아이의 마음을 보듬어주어야 합니다."

아이의 마음을 깊이 이해해주고, 학교에서 어떤 일이 일어났는지 공감적인 대화를 자주 나눌 필요가 있다. 그렇게 아이의 아픈 마음, 힘든 마음을 하나하나 알아가면서 아이를 안아준다면 아이는 자신의 마음을 헤아려주는 엄마가 있어 용기를 가지게 된다.

일주일 전 상담을 하러 오신 한 어머니가 있었다. 아홉 살 동준이의 엄마였는데, 동준이가 1학년 때는 그런 적이 없는데 요즘 들어 툭하면 짜증을 내고 반항도 자주 한다는 것이었다. 그럴 때 엄마가 이야기를 잘 들어주지 않거나 엄마와 대화가 통하지 않는다고 생각되면 버릇없는 행동으로 표현한다고 했다. 그런 동준이의 모습을 보면서 '요즘 뭔가 스트레스 받는 일이 있는 것 같은데, 혹시 학교에서 친구들과 사이가 안 좋은가?', '친구들에게 왕따나 학교 폭력을 당하고 있는 건 아닐까?' 하는 생각에 많이 걱정스럽고 마음이 무거웠다고 하셨다. 동준이의 경우도 알고 봤더니 부모가 자신의 마음을 헤아려주지 않는 데서 불만이 생겼고, 그 불만을 짜증과 반항으로 해소했던 것이었다.

아이에게 아이들의 방법으로 스트레스를 풀어나가는 방법을 알려주어야 한다. 우리 아이가 가장 즐겁게 하는 놀이가 무엇인지, 어떤 것을 할 때 웃음소리가 많이 나오는지 잘 지켜보고 아이에게 스트레스를 풀 수 있는 탈출구를 만들어주어야 한다.

어른들도 스트레스를 받으면 각자 나름의 방법으로 스트레스를 해소한다. 스트레스가 쌓이기만 할 뿐 해소가 되지 않으면 어느 순간 폭발하게 된다. 나 같은 경우에도 스트레스를 풀기 위해서 여행을 가거나 일기를 쓴다. 여행은 복잡한 생각들로 무거웠던 머릿속을 비워주고 새로운 에너지를 가져다준다. 일기는 나의 감정 그대로를 적어나갈 수 있어 나도 모르게 속이 후련해지는 것을 느낀다.

아이들도 각자의 방식으로 스트레스를 풀어나갈 수 있도록 도와주자. 운동도 좋고 놀이도 좋다. 또 엄마와 함께 산책을 가도 좋고 맛있는 요리를 먹으러 가도 좋다. 자연스레 아이의 스트레스를 풀어줄 수 있는 것이 무엇인지 고민해보아야 한다.

얼마 전 친구의 언니네 집에 상담차 방문한 적이 있다. 일곱 살 난 언니의 딸아이가 유치원에 다녀와서는 우리가 이야기를 나누고 있는 모습을 보더니 TV를 틀고 자꾸만 방을 들락날락했다. 보다 못한 언니가 딸에게 “은정아, 방에 들어가서 오늘 영어 숙제 해야지?” 하자 아이는 “아이씨, 짜증 나! 이따가 할 거야!” 하며 신경질을 내더니 방문을 쾅 닫고 들어가는 것이었다. 당황한 언니는 “은정이 너, 손님 앞에서 버릇없게 그게 뭐야? 이따가 봐, 너!” 하며 무척 당황스러워했다. 내 생각에는 유치원을 다녀온 은정이가 엄마와 함께하는 시간을 나에게 빼앗긴 것 때문에 화가 난 듯했다. 그래서 어느 한 곳에 집중을 못 하고 왔다 갔다 하며 엄마에게 눈치를 준 것인데, 조금만 기다려달라는 배려의 말 대신에 숙제해야지, 라는 말을 들으니 속상한 마음이 버릇없는 행동으로 나온 것이다. 이날 나는 언니에게 다른 상담은 제쳐두고 은정이의 행동에 대한 상담을 해주었다.

아이가 짜증 내고 버릇없는 말과 행동을 한다고 해서 무조건 야단부터 치는 못난 엄마가 되어선 안 된다. 아이도 어른과 마찬가지로 감정과 생각을 가진 사람이다. 내 아이가 반항하고 버릇없는 행동을 할 때는 왜 그러는지 먼저 이유를 파악해야 한다. 그리고 아이의 입장에서 공감하면서 아이의 잘못한 행동에 대해 왜 그런 행동을 하면 안 되는지 설명과 함께 훈육하는 것이 바람직하다.

더불어 아이와 함께 앞으로는 버릇없는 말, 행동 대신에 엄마에게 어떻게 말하고 표현해야 하는지에 대해 이야기를 나누어보고, 대처법에 대한 '약속'을 아이가 정하게 하자. 아이들은 부모가 일방적으로 정해준 규칙에는 거부감을 느껴도 자기가 고민하고 정한 약속은 지키려고 노력한다.

08

자기 뜻대로 되지 않을 때 자해해요

다섯 살 윤아의 엄마는 대학교 교수다. 남편은 디자인을 전공했고 윤아 엄마는 대학에서 재즈 보컬을 가르친다. 아는 동생이 교수님 댁에 레슨을 받을 겸 다녀왔다고 해서 대화를 나눴다.

"어땠어? 교수님 집 좋았어? 두 분이 다 예술 하시니까 분위기가 좀 다르지 않았어?"

"어, 언니. 집이 펜션 같은 느낌이었어. 2층에서 내려다보면 들판이 멋있게 보이고, 딸기밭도 있고, 집은 통나무로 지어졌는데 거실에 그랜드피아노가 한 대 떡하니 있었어. 멋지더라. 공기도 엄청나게 좋고!"

"그래. 아기는? 윤아는 교수님 닮아서 예쁘지? 좀 놀아줬어?"

“레슨 한다고 거의 못 놀아줬어. 근데 언니, 애가 좀 이상해. 교수님께 레슨 받는다고 노래 부르고 있으면 쿵! 쿵! 하는 소리가 들리는 거야, 무슨 소린가 했더니 글쎄 그 조그만 애가 바닥에 자기 머리를 쿵! 쿵! 박고 있는 거 있지.”

“어머! 그래서?”

“난 깜짝 놀랐는데, 교수님은 아무렇지도 않게 생각하시는지 그냥 계속 노래에 집중하라고 해서 노래 불렀어. 교수님 말로는 윤아가 종종 그런대.”

나는 놀란 가슴을 쓸어내렸다. 윤아의 엄마는 다른 학생을 가르치느라 정작 자신의 아이가 아파하는 것을 간과하고 있거나, 아니면 알면서도 대수롭지 않게 여기는 것이 분명해 보였다. 윤아가 자해를 하는 것은 자신의 욕구불만을 표시하는 것이다. 그렇게 부모에게 SOS 신호를 주는 것이다. 이때 절대로 대강 넘겨서는 안 된다.

아이들은 모든 관심이 자기에게 집중되길 바란다. 엄마 아빠, 손님 할 것 없이 모두 다 자기를 바라봐 주고 웃어주길 바란다. 그러한 욕구가 충족되지 않으면 자해를 하기도 한다. 아이들은 어른처럼 자신의 심리 상태를 완벽하게 표현하지 못하기 때문에 ‘나 좀 봐주세요. 나 좀 봐달라고요!’라는 뜻을 담아서 온몸으로 외치는 것이다.

만일 그런 아이에게 버릇을 고쳐준다며 아무렇게나 방치하고 가만히 놔두면 아이는 공격적인 성향을 지니게 된다. 아이가 자해를 한다는 것은 욕구불만이 크다는 것을 의미한다. 즉, 아이의 마음이 아프다는 뜻이다. 이때 아이의 마음을 들여다보지 않는다면 아이의 마음에 깊은 상처를 남기게 된다. 이 시기에 형성된 상처받은 감정들은 어른이 되어도 그대로 남아 건강하지 못한 자아를 가지게 된다. 그 결과 인간관계에 어려움을 겪게 되어 원만한 사회생활을 하지 못한다.

아이가 자해를 하면 부모들은 깜짝 놀란다. 정말로 당황스러운 일이다. 어떻게 해야 좋을지 고민이 된다. 이럴 경우 먼저 어떤 상황에서 아이가 그런 반응을 보이는지 잘 파악해야 한다. 원인을 알아야 해결책을 찾을 수 있기 때문이다.

보통 자해를 하는 아이들의 마음에는 상처가 있다. 아이들은 자해를 하기 전에 분명 다른 방법으로 부모에게 의사표시를 했는데, 엄마 아빠가 무시하거나 몰라준 경우가 많다. 그래서 아이는 자신이 할 수 있는 마지막 방법으로 자기 몸을 아프게 해서 자신의 마음 상태를 알리려는 것이다. 따라서 부모는 평소 내 아이의 심리 상태를 잘 파악해야 한다.

"아아~ 엄마~~ 아~~ 앙~~."

여섯 살 상진이는 하루에도 서너 번은 부딪쳐 넘어진다. 넘어지고 나서는 어김없이 엄마를 부른다. 상진이의 몸 여기저기에 멍이 들어 안쓰럽기까지 하다. 상진이는 왜 이렇게 자주 넘어지는 것일까?

처음에는 상진이가 자주 넘어지니 엄마는 속상한 마음에 얌전히 다니라고 혼도 내보고, ‘혹시 다리가 약해서 자주 넘어지나?’ 해서 정밀 검사도 받아보았다. 검사 결과 아무런 이상이 없다고 했다. 그러나 상진이의 넘어지는 횟수는 점점 늘어만 갔다.

하루는 아랫동서가 놀러 왔다. 상진이 엄마는 잠깐 책 좀 보고 있으라고 하고는 간단한 간식을 만든다고 주방에 가서 조리를 하고 있었다. 그런데 또 그 사이에 “아! 아앙~ 엄마~~아 앙~!!” 하고 상진이의 울음소리가 들렸다. 달려가 보니 상진이가 바닥에 넘어져 있었다. 꼭 부딪쳐도 모서리에 부딪친다.

아이를 달래고 간식을 먹이고 낮잠을 재웠다. 동서랑 이런저런 이야기를 나누다가 뜬금없는 소리를 들었다.

“형님, 상진이가 아까 잘 놀다가 형님이 요리한다고 부엌에 가니까 일부러 쿵 하고 부딪치더니 넘어졌어요. 형님, 알고 계셨어요? 상진이가 엄마하고 떨어지고 싶지 않은가 봐요.”

상진이 엄마는 동서의 말에 깜짝 놀랐다. 동서의 말대로라면 상진이가 지금껏 일부러 넘어진 것이었다. 도대체 왜? 상진이 엄마는 너무 속상하고 답답한 나머지 아침부터 나에게 전화를 걸어 왔다.

“어머니, 혹시 상진이가 12개월 미만 때 어머니와 자주 떨어져 있었나요?”

“네, 거의 백일 다 되고부터 친정집에 맡기고 일을 좀 하러 다녔어요.”

“퇴근 후에는 상진이와 함께하는 시간이 많았나요?”

“생각해보니 퇴근 후에는 너무 피곤해서 거의 바로 잠들었던 것 같아요.”

상진이 엄마와의 대화를 통해 상진이가 자주 넘어지는 이유를 알 수 있었다. 자신에게 관심과 애정을 가져달라고 엄마에게 보내는 일종의 메시지였던 것이다. 오랫동안 엄마와 떨어져 있었던 탓에 상진이는 엄마의 손길이 그리웠던 것이다.

아이가 태어나고 돌 이전까지는 가족과의 애착 형성 기간이다. 아주 중요한 시기라고 할 수 있다. 이때 애착 형성이 잘 이루어져야 그 다음 단계인 친구와의 관계, 더 나아가서 유치원(사회)과의 관계로 발전할 수가 있다. 이 시기에 부모와 충분히 접촉하고 공감하지 못한 아이들은 커서도 분리불안 증상을 보이는 경우가 많다. 이 책을 읽으면서 어쩌면 여러분은 ‘그 시기에 아이와 시간을 많이 보내주지 못했는데……’ 하는 생각에 걱정이 들 수도 있을 것이다. 하지만 그렇다고 해서 크게 우려할 필요는 없다. 아직 늦지 않았기 때문이다. 오늘부터라도 아이와 함께하는 시간을 늘리면 된다. 물론 직장맘인 탓에 퇴근하면 몸이 천근만근 피곤하고 졸음이 쏟아지고 시간이 없을 수도 있다. 그렇더라도 내 아이를 생각한다면 엄마가 희생해야 한다. 시간을 만들어야 한다는 말이다. 현재 아이와 함께하는 시간의 두 배, 세 배의 시간을 아이와 함께하도록 노력해야 한다. 아이와 함께하는 시간이야말로 아이가 자기 뜻대로 되지 않을 때 자해하는 행동을 고치는 가장 좋은 치유법이기 때문이다.

애착 관계 형성에 도움이 되는 음악 놀이

엄마와 함께하는 음악 놀이를 해보자. 아이가 태어나고부터 36개월까지는 아이의 음악성을 키워줄 수 있는 최고의 시기다.

모든 아이는 음악성을 가지고 태어난다. 타고난 음악성을 어떠한 환경에 노출시키느냐에 따라서 그것을 더욱 키워줄 수도 있고 퇴보하게 만들 수도 있다. 만 7세 이전에 아이의 모든 음악성이 결정된다고 해도 과언이 아니다. 이때의 시기는 좌뇌보다 우뇌의 활동이 활발한 시기이니만큼 아이의 예술성에 무한한 가능성을 열어주도록 하자.

먼저 아이와 함께 즐길 수 있는 음악을 틀어놓자. 아이에 따라 성향, 취향이 다르므로 클래식, 동요, 재즈 등 다양한 종류의 음악을 들려주는 것이 좋다. 또한 청각이 예민한 내 아이를 위해 음악은 Realsound(실제 악기로 연주한 것)를 선택하는 것이 좋겠다.

같이 몸도 흔들고, 엄마가 노래도 불러주고, 리듬 악기가 있다면 연주 놀이도 함께 하면 더할 나위 없이 좋다. 그리고 말에 리듬을 붙여보자. 아이가 아직 어리다면 단어만으로도 훌륭한 리듬 말놀이를 할 수 있다. 문장을 구사하는 정도가 되면 함께 노랫말을 만들어 리듬을 넣어보는 것도 꽤 흥미롭다. 이때의 음악적 경험이 내 아이에게 전반적인 면에서 긍정적인 영향을 미치게 된다.

09

동생과 똑같이
하려고 해요

"엄마, 나도 쭈쭈통에 우유 먹을 거야!"

"지호야, 젖병에 담아서 먹는 건 아가들이 먹는 거야. 지호는 형아니까 엄마가 컵에 따라줄게."

"싫어! 나도 지유처럼 쭈쭈통에 먹을 거야, 쭈쭈통!"

지호가 또 한바탕 난리를 부린다. 요즘 들어 부쩍 동생을 따라 하려고 한다. 동생이 하는 건 뭐든지 다 똑같이 하려고 해서 지호 엄마는 고민이다. 매번 타일러보지만 지호는 떼쓰고 울기만 한다. 어떻게 하면 좋을까? 도대체 지호가 왜 그러는 것일까?

올해 네 살인 지호가 동생이 생기더니 컵으로 잘 마시던 우유를 갑자기 젖병에 달라고 했다. 한두 번 그러다가 말겠지 했는데 시간이 지나도 계속되자 지호 엄마는 젖병에다 줘야 하나, 아니면 동생을 따라 한다며 혼을 내야 하나 고민하다가 유정이 엄마에게 고민을 털어놓았다. 그런데 지호만 그러는 줄 알았더니 유정이네도 요즘 고민이라는 것이다.

"어머, 우리 유정이도 요즘 동생하고 똑같이 하려고 해서 고민이에요. 엊그제는 난리도 아니었어요. '유정아, 동생 기저귀 하나만 엄마한테 가져다줄래?' 그랬더니, 양손에 하나씩, 두 개를 가지고 오는 거예요. 왜 그러나 하고 지켜보았더니, 가지고 와서 '하나는 유빈이 거, 하나는 유정이 거' 하면서 동생 옆에 눕지 뭐예요? '엄마, 나도 기저귀 할 거야' 하면서 말이에요. 기저귀 뗀 지가 1년이 다 되어가는데 갑자기 왜 그러는지, 혹시 내가 모르는 사이 아이에게 무슨 일이 있었나? 걱정이 되어 밤잠까지 설쳤네요."

지호와 유정이의 경우 둘째가 태어난 후에 첫째들이 흔히 겪는 퇴행 현상을 겪고 있다. 첫째는 지금껏 엄마 아빠의 사랑을 독차지해오다가 갑자기 동생이 태어난 이후로 엄마 아빠의 관심이 동생에게 쏠리는 것을 보고 자신도 동생처럼 다시 아기가 되고 싶어 한다. 그래서 동생처럼 똑같이 행동하면 엄마가 다시 날 안아줄까, 다시 나에게 관심 가져주고 사랑해줄까 하는 생각을 하고 있는 것이다. 이럴 때 첫째가 보는 앞에서 둘째에게 너무 많은 관심을 주기보다는 오히려 첫째에게 더 관심을 가져주고 동생이 생겨난 걸 자연스럽게, 반복적으로 인식시켜주는 것이 좋다. 이름을 부를 때도 첫째부터 불러주고, 동생을 돌볼 때 첫째에게 도움을 요청하며 함께 돌보면 도움이 된다.

젖병을 뗀 아이가 다시 젖병을 물거나, 기저귀를 뗀 아이가 동생이 기저귀를 갈 때 옆에 누워서 "나도 해줘" 하며 따라 하는 것이 퇴행 현상의 대표적인 예라고 보면 된다. 그렇다면 동생이 태어나고 난 후 첫째의 퇴행 현상을 줄이기 위해서는 부모에게 어떤 노력이 필요할까?

다음 세 가지를 기억하면 된다.

첫째, 동생의 존재를 정확히 아이에게 인식시켜주기

엄마가 둘째를 임신 중일 때 첫째에게 엄마 배 속에 아기가 있다는 것, 그 아기가 동생이라는 것을 인식시켜준다. 엄마 배를 만져보게 하기도 하고 "동생아, 어서 나와. 형아가 놀아줄게~" 하는 식의 이야기도 해보게 하고, 엄마 배에 귀를 대고 소리도 들어보게 하는 것이다. 또한 동생은 엄마 아빠 형아가 함께 보호해주고 예뻐해 주고 사랑해주어야 하는 존재라는 것도 알려준다.

둘째, 아빠도 육아에 적극적으로 나서기

둘째가 태어난 후 엄마 아빠 모두 다 동생에게 더욱 관심을 쏟으면 첫째의 동생 따라 하기는 날이 갈수록 심해지게 된다. 따라서 부모 가운데 한 사람은 첫째와 함께하는 시간을 늘려야 한다. 아는 언니의 첫째도 동생과 네 살 터울인데도 불구하고 동생처럼 기어 다니곤 했다. 엄마와 할머니의 관심이 온통 동생에게 있었기에 동생이 너무나 얄밉고 부러웠던 것이다. 그래서 엄마의 관심을 받고 싶었고 엄마의 사랑을 오직 자기만 독점하고 싶어 했다. 첫째의 동생 따라 하기 모습을 보고는 아빠가 첫째와 함께 많은 시간을 보내주고, 첫째를 먼저 안아주고 사랑 표현도 더 많이 해주었다. 그러자 그 후로 첫째는 더 이상 동생을 따라 하지 않았다. 첫째는 자신이 굳이 동생을 따라 하지 않아도 아빠가 자신을 사랑하고 예뻐해 준다는 것을 충분히 느꼈기 때문이다.

여기서 조심해야 할 부분이 있는데 엄마 아빠 두 사람이 어느 한쪽으로 치우치지 않고 비슷한 정도로 첫째에게 관심을 가지고 스킨십을 해주고 함께 시간을 보내주어야 한다는 것이다. 첫째는 아빠가 맡고 둘째는 엄마가 맡는 방법은 위험하다. 이 시기에 엄마나 아빠 어느 한 사람이 첫째에게 애정을 쏟는 정도가 다른 한 사람보다 더 크면, 아이는 성인이 될 때까지 '엄마보다 아빠가 날 더 사랑해' 혹은 '아빠보다 엄마가 훨씬 좋아' 하는 마음이 가슴에서 지워지지 않기 때문이다.

셋째, 엄마와 함께하기

동생이 생기면 자연스레 첫째가 엄마와 함께하는 시간이 상대적으로 줄어든다. 혼자 알아서 하는 첫째에 비해 아직 갓난아기인 둘째에게 엄마의 손길이 많이 필요하기 때문이다. 이때 둘째에게 모든 관심을 쏟기보다 사소한 것이라도 엄마가 첫째와 함께하는 시간을 가지는 것이 도움이 된다.

예를 들어 "엄마는 유정이랑 같이 컵에다 우유 마셔야지" 하며 아이와 함께 컵에 우유를 따라 마시는 것이다. 그리고 "엄마는 유정이랑 같이 동생 분유 타서 줘야지. 엄마 도와줄 수 있어?" 하며 아이에게 도움을 요청하듯 함께하는 것이다.

첫째에게 "엄마 동생 분유 줘야 하니까 혼자 책 좀 보고 있어", "엄마는 동생 돌봐주어야 하니까 바빠. 그러니 혼자 놀아" 하는 엄마들이 있는데, 이런 미루기식, 방치식은 옳지 않다. 이는 오히려 첫째가 엄마에게 더 집착하게 만든다.

첫째가 동생과 똑같이 하려고 한다고 해서 무턱대고 야단치거나 혼내선 안 된다. 오히려 첫째에게 소홀히 했다는 것을 자각하고 첫째에게 더욱 관심을 가져야 한다. 그동안 엄마 아빠의 관심이 자신에게 쏠렸었는데 갑자기 동생이 생긴 후로 관심을 동생에게 빼앗겼으니 첫째의 입장에선 얼마나 동생이 얄밉고 엄마 아빠가 원망스럽겠는가.

나는 엄마들에게 이렇게 조언한다.

"동생을 돌보는 일에 첫째를 동참시켜보세요. 그리고 첫째가 존중받고 있다는 것을 느끼게 해주는 것이 중요합니다. 첫째의 감정을 이해하고 헤아려줌으로서 아이 스스로 부모에게 존중받고 있다는 것을 느낄 때 더 이상 동생을 따라 하지 않게 됩니다."

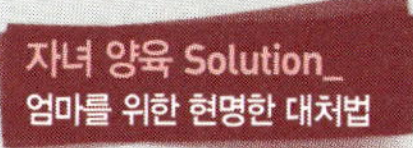

공부 잘하는 아이보다
인성이 바른 아이로 키워라

"공부 잘하는 아이보다 인성이 바른 아이로 키워라."

제일 중요한 말이자 가장 지키기 어려운 말이다. 많은 부모가 내 아이의 당장 눈앞의 성적에 연연해 다른 아이들보다 뒤처지지 않도록 하는 데 관심을 두고 있다. 그렇다 보니 인성이 바르게 잘 자라도록 도와주는 부모가 아니라 공부만 잘하는 아이로 키우는 학부모가 되고 만다.

행복은 성적순이 아니라는 것을 여러분이 누구보다 잘 알고 있지 않은가. 엄마 자신의 학창 시절을 떠올려 보라. 성적이 좋았던 친구들보다 비록 공부는 그저 그랬지만 친구들과 활발하게 어울리던 친구들이 자신이 좋아하는 일을 하면서 여유롭고 행복하게 살고 있는 경우가 많다.

인성이 바른 아이로 키우자. 인성이 바르면 어떤 일을 하든지

성공할 수밖에 없을 것이다. 그럴 때 아이의 인생은 1등 인생이
된다.

성공할 수밖에 없을 것이다. 그럴 때 아이의 인생은 1등 인생이
된다.

내 **아이**가 보내는 **아홉** 가지 **감정** 신호

01

학업 스트레스_
무표정하고 우울해 보여요

"안녕하세요, 원장 선생님."

"어머, 나연아, 잘 지냈어? 방학 때 신 나게 놀았어? 오랜만에 원장님 만났는데 표정이 왜 이렇게 우울해 보이지? 우리 나연이 오늘 무슨 일 있었어?"

"아니요, 그냥 힘이 없어요."

"어머, 어디 아프니?"

"아니요, 안 아파요……."

우리 소리노리터에서도 씩씩하기로 제일가는, 아주 활발한 나연이가 요즘 들어 부쩍 힘이 없어 보였다. 생각해보니 최근 들어 웃는 모습을 거의 보지 못한 것 같았다. '나연이에게 무슨 일이 있나?’ 하는 걱정이 들어 나연이 엄마에게 상담을 요청했다.

“어머니, 나연이가 예전과 다르게 잘 웃지도 않고 항상 어깨가 축 처져 있던데 혹시 무슨 일 있나요?”

“아니요, 원장님. 예전하고 똑같은데 저도 요즘 나연이가 힘이 빠져 보여서 왜 그럴까, 하고 지켜보고 있던 참이었어요.”

“그러셨군요. 왜 그러지? 많이 피곤해 보이기도 하던데…….”

“요즘 방학 끝나고 학원을 두 군데 더 다니기 시작해서 그런가? 아님 학습지 한 과목을 더 시켜서 그런가?”

“네? 두 군데나 더요? 그럼 월화수목금 매일 학원을 다녀요? 저녁엔 학습지 선생님이 오시고요?”

난 바로 감이 왔다. 초등학교 1학년인 나연이는 한창 뛰어놀 나이다. 그럼에도 불구하고 매일같이 학원에다 학습지로 인해 스트레스가 이만저만이 아니었던 것이다. 이맘때 아이들은 또래들과 어울려 놀면서 관계를 형성하는 것과 사회성을 배양하는 것이 더 중요하다. 하지만 안타깝게도 나연이는 다람쥐 쳇바퀴 돌듯 학원과 집을 오가고 거기에다 학습지까지 해야 하니 또래들과 어울릴 시간조차 없었다.

요즘 우리 아이들이 아프다. 몸도 마음도 지쳐가고 있다. 원치 않는 학습에 지치고 무기력해지고 있다. 웃음이 많아야 할 나이에 웃음 대신 스트레스가 더 많다. 그렇다 보니 표정은 점점 더 어두워지고 의기소침해지고 어린아이가 인생 다 산 것처럼 무표정하고 활기가 없다. 그런 아이들을 보면 지금 공부에 지친 나머지 나중에 진짜 공부를 해야 할 시기에 하지 못하는 일이 생기지 않을까 걱정이 앞선다.

또 다른 친구가 있다. 다섯 살인 의찬이는 엄마가 더 바쁘다. 영어 유치원이 끝나는 2시부터 하루에 두세 개의 스케줄이 더 있다고 한다. 그렇다 보니 엄마는 의찬이의 로드 매니저를 하느라 항상 분주하고 바빠 보인다. 내가 먼저 상담 요청을 드려도 얼굴 보기가 힘들 정도다. 어쩌다 의찬이 엄마를 만나면 항상 지친 기색이 역력한 얼굴이다. 의찬이는 말할 것도 없다.

하루는 의찬이 엄마에게 이렇게 말했다.

"어머니, 의찬이 스케줄 너무 빡빡한 거 아닌가요? 거의 고3 수준이에요. 어떤 날은 고3보다 더 바빠 보여요!"

그러자 의찬이 엄마는 이렇게 말했다.

"원장님, 저는 우리 의찬이 이것저것 다 시켜볼 거예요. 뭐든 다 해주고 싶어요. 그래야 한 살이라도 더 어릴 때 빨리 적성에 맞는 것을 찾죠. 그게 우리 의찬이 어릴 때 제가 해줄 수 있는 최선이라고 생각해요."

나는 의찬이 엄마의 말을 들으면서 '이게 아닌데……'라는 생각이 떠나지 않았다. 이건 의찬이를 위하는 것이 아니라 도리어 의찬이를 잡는 일인 것이다. 의찬이를 위한다고 하지만 사실 엄마 자신의 욕심을 채우기 위한 것이 아닐까? 진정으로 아이를 위한다면 아이가 지치고 힘들어하는 모습을 보일 때 스케줄을 다소 느슨하게 해주어야 한다. 우리 아이들은 어른이 아니다. 어른도 그렇게 가혹하게 내돌리면 지치고, 무기력해지고, 반항하게 된다. 하물며 아직 어린 우리 아이들은 오죽할까?

뭐든지 급히 먹으면 체한다. 물 한 잔도 급하게 먹으면 체하는데 평생 원하든 원치 않든 해야 하는 것이 공부다. 공부도 때가 있다고 하지만 그 때가 너무 이르지 않나, 하는 생각이 든다. 공부를 잘하는 아이로 키우고 싶다면 공부를 즐길 수 있는 환경을 만들어주면 된다. 공부란 것은 아이가 원해서 할 때 최대의 효과가 나는 법이다. 공부를 즐기게 될 때 성적은 자연스레 향상된다.

부모는 든든한 버팀목이자 응원단장이 되어주면 된다. 그런데 초·중·고 최소 12년은 할 공부를 지금 당장 하지 않으면 마치 공부할 시기를 영원히 놓치는 것처럼 예민하게 생각해선 안 된다. 물론 학원과 과외, 학습지를 더 시켜서 단기간에 성적을 올리고 싶은 마음 또한 충분히 이해하고 공감한다. 하지만 그렇다고 해서 공부를 과도하게 시키면 아이가 충분히 소화하지 못하고 부담으로 작용할 수 있다.

마치 마라톤 선수가 초반부터 전력 질주를 하면 500m도 못 가고 지쳐 포기하게 되듯 아이도 어린 시절 학업에 대한 스트레스로 공부에 흥미를 잃는 역효과가 생겨날 수 있는 것이다. 이는 아이가 공부에 대해 부정적인 생각을 갖게 하는 원인이 된다.

내가 아는 레지던트 의사 선생님이 한 분 있다. 이분은 30세에 의과전문대학원에 입학했다고 했다. 그럼 마흔이 넘어야 진짜 의사가 될 수 있을 텐데, 왜 그렇게 늦게 시작하셨나 하고 여쭤봤더니, 20세 때 수능 점수에 맞추어 학교를 가다 보니 건축과를 가게 되었다고 했다. 사실 자신은 1년을 더 공부해 어릴 적부터 꿈꾸어 왔던 의대에 진학하고 싶었지만 부모님의 권유로 건축과에 입학했다는 것이다. 예상대로 건축과는 자신의 적성과 맞지 않았고 고민하다가 군대를 다녀왔다고 했다. 어렵게 졸업을 하고 취직을 했는데 도저히 적성에 맞지 않아 건축 일을 못 하겠다는 결론을 내렸다. 그래서 서른 살이 되어서야 자신이 진정으로 원하는 꿈을 이루기 위해 다시 공부를 시작하고 시험을 쳐서 의과전문대학원에 진학한 것이다.

나는 선생님의 말씀을 듣고 나서 크게 박수를 쳐드렸다. 30대에 하고 있는 일을 그만두고 다시 수험생이 되어 공부를 한다는 것은 여간 용기가 없으면 불가능한 일이기 때문이다. 만약 부모가 아들의 의견을 존중하고 응원을 해주었다면 더 빨리 꿈을 이루지 않았을까?

내 아이의 꿈은 부모가 대신 결정하고 이루어줄 수 있는 부분이 아니다. 어릴 적부터 많은 것을 시킨다고 내 아이의 미래가 명확해지고 빨라지는 것은 더더욱 아니다. 나는 엄마들과 상담할 때 아이들에게 이른 나이에 과도한 학습을 시켜선 안 된다고 조언한다. 아무리 돈 들여가며 과외를 시키고 학원에 보내더라도 아이가 지친다면 헛일이다. 오히려 아이를 무기력하게, 우울하게 만들 뿐이라는 사실을 기억해야 한다.

요즘 학업 스트레스로 우울해 보이는 아이들이 많다. 내 아이가 무표정하거나, 자주 짜증을 내거나, 활기가 없어 보이는가? 그렇다면 지금 당장 아이가 가장 힘들어하는 것이 무엇인지 찾아보자. 어떤 과목 때문에 제일 스트레스를 받는지, 하기 싫은데 억지로 하고 있는 일이 무엇인지 찾아보자.

어제 또 다른 아이의 엄마가 요즘 들어 아이가 자주 짜증을 낸다며 상담 요청을 해 왔다. 나는 먼저 아이의 입장에서 공감하면서 조용히 대화의 시간을 가져보라고 조언했다. 그렇게 서로 마주 보며 아이의 눈높이에서 마음을 열고 이야기를 하다 보면 아이가 부쩍 자주 짜증 내고 힘들어하는 이유를 알 수 있다. 이유가 바로 원인 해결책인 셈이다.

02

분노_
손에 **잡히**는 대로 **물건**을 집어 **던져**요

며칠 전 내가 운영하는 소리노리터에서 있었던 일이다. 6세 아이들로 구성된 반의 수업 시간이었다. 악기 앙상블 시간에 한 친구가 연주를 하다가 갑자기 악기를 집어 던지는 것 아닌가. 그 순간 함께 수업하는 반 친구들도 놀랐고, 나도 무척이나 당황했다.

악기를 집어 던진 태훈이는 잔뜩 화가 났는지, 악기를 던지고 나서도 화를 참지 못해 소리를 질렀다.

"내가 저 악기 하고 싶었단 말이에요!"

태훈이는 거친 숨을 몰아쉬며 무척 분노하고 있었다. 나는 '어, 태훈이가 왜 그러지?' 하고 태훈이가 화를 내기 직전의 정황을 생각해보았다. 아이들이 여러 가지 악기들 가운데 차례대로 마음에 드는 악기를 바구니에서 골라 왔다. 그런데 태훈이가 눈여겨 두었던 악기를 다른 친구가 먼저 가지고 와버린 것이었다.

나는 태훈이를 달래주면서 태훈이의 입장에서 먼저 이해해주고 마음을 읽어주었다. 그런 다음 방금 한 행동은 좋은 행동이 아니라는 것을 인지시켜주고, 앞으로 화가 날 때는 어떻게 표현을 해야 하는지 알려주었다.

"태훈아, 화가 난다고 해서 지금처럼 수업 시간에 악기를 집어던지는 건 옳지 않아. 사실 태훈이도 많이 놀랐지? 다른 친구들도 얼마나 놀랐겠어. 앞으로 태훈이가 마음에 드는 악기를 다른 친구가 먼저 가지고 있으면 선생님에게 '선생님, 저도 저 악기 연주하고 싶어요' 하고 말하는 거야. 그러면 선생님이 악기를 친구들과 서로 양보하며 번갈아 가면서 연주할 수 있게 해줄 거야. 화가 나거나 마음에 안 드는 것이 있다고 해서 물건을 집어 던지면 안 돼. 알겠지?"

그랬더니 태훈이는 금세 "알겠어요. 그럼 북 연주한 다음에 개구리 귀로 연주할게요" 하고는 웃으며 친구들과 함께 악기 앙상블을 했다.

우리 아이들은 아직 화를 다스릴 줄 모른다. 대부분의 아이들이 화가 났을 때 어떻게 해야 하는지 배운 적이 없기 때문이다. 그래서 보통 아이들은 마음대로 되지 않거나 화가 나거나 하면 울어버리거나 삐치거나 물건을 집어 던져버린다.

내 아이가 어느 날 갑자기 과격한 행동을 한다면? 엄청 화가 났거나 반항하고 있는 중이다. 속에서 끓어오르는 분노를 참지 못해 물건을 집어 던지는 것이다. 이때 그냥 무심코 넘겨선 안 된다. 꼭 아이들에게 왜 그런 행동을 해선 안 되는지 납득이 가도록 제대로 가르쳐주어야 한다. 물건을 던지는 행동은 옳은 행동이 아니라는 것을 단호하고 분명하게 이야기해주자. 화가 났을 때는 '내가 왜 화가 났고 어떻게 해주었으면 좋겠는지'를 이야기하도록 알려주자.

얼마 전 20년 지기 친구네 집에 놀러 갔다. 함께 과일을 먹으며 담소를 나누고 있었는데 여덟 살 된 친구 아들이 밖에서 놀다가 집에 들어왔다. 들어오자마자 아이는 손님이 있건 없건 곧장 엄마한테 "엄마, 나 컴퓨터게임 할래!" 하고는 제 방으로 직행했다. 그러자 친구가 최대한 다감하게 말했다.

"민찬아, 이모한테 인사하고, 손 씻고 나와서 과일 먹어."

"싫어, 나 게임 할 거야!"

"안 돼! 너 엄마 말 안 듣지? 과일 안 먹을 거면 어서 씻고 숙제나 해!"

두 모자의 대화를 듣고 있자니 문제가 보였다. 그 부분에 대해서 내가 먼저 이야기를 꺼내볼까 생각하고 있는데, 갑자기 방에서 시끄러운 소리가 들렸다.

쾅! 쿵! 탁탁!

“어머, 이게 무슨 소리니?”

“놔둬! 민찬이가 자기 마음대로 못 하게 하니까 또 자기 책상에 물건을 던지는 거야. 저 녀석은 누굴 닮아서 성질이 저 모양인지…….”

“세상에! 언제부터 그랬니?”

“음…… 꽤 오래된 것 같은데? 어릴 때부터 마음에 안 들면 의사표현을 저렇게 하더라.”

“그래서 가만히 놔둔 거야?”

“아니. 처음 1, 2년 정도는 호되게 혼도 내보고 타일러도 보고 했는데, 좀처럼 고쳐지지 않네. 어느 순간부터 크면 나아지겠지 하고 그냥 넘기고 있어.”

민찬이가 화가 날 때마다 물건을 던지는 행동을 한 지 오래되었다고 했다. 부모가 혼도 내보고 타일러도 보았는데 고쳐지지 않는다니, 이는 절대 사소하게 생각할 문제가 아니었다. 내 생각에 민찬이가 그런 행동을 하는 것은 과거에 부모나 가까운 어른이 화내면서 물건을 던지는 모습을 보고 배웠기 때문일 가능성이 커 보였다. 만일 민찬이가 그런 난폭한 행동을 자주 보았다면 이미 그 이미지가 잠재의식에 내재되어 있기 때문에 문제 행동을 수정하기가 여간 쉽지 않을 것이다.

나는 친구에게 물었다.

“너 혹시 부부 싸움 할 때 무언가를 던지니? 솔직히 말해봐.

분명 민찬이가 그런 모습을 봤기 때문에 자기 역시 마음대로 안 될 때 분노 표시로 물건을 던질 가능성이 커. 화가 난다고 물건을 던지는 버릇은 꼭 고쳐주어야 돼! 저대로 놔두면 평생 못 고쳐.”

그렇게 해서 20년 지기 친구는 비밀로 하고 싶었던 부부 싸움 문제를 나에게 딱 들키고 말았다.

아이는 어른의 거울이다. 부모가 하는 그대로 똑같이 한다. 식습관을 보아도 성격을 보아도 성향을 보아도 부모와 거의 비슷하거나 똑같다. 당연한 일이다. 사람은 환경에 의해 자연스레 습득하게 되는 것이 많기 때문이다. 그런데 그 배움의 환경 중에서도 ‘가정환경’이라는 것이 아이의 성격 형성에 가장 지대한 영향을 미친다. 행여 부부 싸움 중에 절대로 내 아이가 보는 앞에서 싸우는 건 안 된다. 언성을 높이며 싸우거나 물건을 집어 던지는 행동은 절대 삼가야 한다. 아이들의 습득 능력은 스펀지가 물을 빨아들이는 것과 같이 우수하기 때문에 그 앞에서 싸우는 것은 훗날 내 아이가 완벽히 그 모습을 재연할 수 있도록 라이브로 가르쳐주는 꼴이 된다. 이럴 경우 아이가 어른이 되어 자신의 뜻대로 일이 되지 않을 때 부모에게 행패를 부리는 자식이 될 수도 있음을 명심해야 한다.

민찬이처럼 이미 화가 나면 물건을 집어 던지는 행동이 버릇처럼 굳어져 버렸다면 부부가 함께 노력을 해서 아이의 이런 위험한 행동을 꼭 수정해주어야 한다. 이때 엄마나 아빠 한쪽만 나서서 문제 행동을 개선하려고 해서는 큰 효과가 없다. 반드시 부모가 함께 아이에게 그런 행동은 정말 잘못된 행동이라는 것을 인지시키고, 앞으로 다시 그런 일이 발생한다면 어떤 방법으로 벌을 받을지 정하는 것도 좋다. 아이가 좋아하는 것을 한 가지씩 제한하는 방법도 고려해보자. 아이의 그런 모습에 화가 난다고 해서 아이에게 손찌검을 해선 안 된다. 이는 아이에게 오히려 공격적인 성향을 갖게 하는 부작용만 초래한다.

만일 예전에 아이에게 그러한 난폭한 모습을 보인 적이 있다면 진심을 담아 엄마 아빠가 실수했다고 사과하고, 잘못한 행동이라고 확실히 인지시켜줘야 한다. 아이에게 진심으로 사과해야 아이는 '아, 지금 내가 하는 행동은 정말 나쁜 행동이구나' 하고 깨닫게 된다. 또한 물건을 던지는 등의 난폭한 장면이 자주 노출되는 TV 시청은 아이가 있을 때만큼은 하지 않는 것이 바람직하다.

아이가 화가 났을 때는 어떻게 마음을 다스려야 하는지, 어떻게 행동해야 하는지 대처하는 방법을 알려주고 아이와 함께 실천해야 한다. 엄마를 따라 크게 심호흡하는 방법을 알려주고 화가 난 이유를 어른에게 말하도록 하는 것이 좋다. 또한 아이가 자주 화를 내고 분노를 표출한다면 마음의 긴장이 풀리는 음악을 집에서 자주 들려주면 도움이 된다.

아이는 모든 면에서 미성숙한 존재다. 따라서 아이 앞에서는 내 집에 손님이 오신 것처럼 조심스럽게 행동해야 한다. 아이의 인성과 행동은 부모 하기에 달렸기 때문이다.

03

또래 관계의 어려움_
등교 시간이면 머리나 배가 아프다고 해요

"성은아, 학교 가야지! 준비 다 했어?"

엄마가 시계를 보며 재촉한다.

"……."

그런데 성은이는 방에서 무얼 하는지 나오지 않았고, 엄마가 성은이의 방으로 가보니 시무룩한 표정의 성은이가 가방을 메고 서 있었다. 엄마가 보기에 오늘따라 딸의 어깨가 축 처진 것이 이상하다.

"왜 그래? 어디 아프니? 무슨 일 있어?"

"응, 엄마, 나 배가 아픈 거 같아."

요즘 들어 등교 시간에 자주 배가 아프다고 했다. 소아과를 가

자고 하면 "이제 안 아픈 거 같아"라고 말했고, 그래서 그냥 넘어가곤 했다. 그동안 대수롭지 않게 여겼는데 엄마는 오늘은 꼭 딸을 병원에 데리고 가봐야겠다고 생각했다.

전화로 담임선생님에게 조금 늦는다고 연락하고 아이를 소아과로 데리고 갔다.

"선생님, 요즘 들어서 성은이가 자주 배가 아프다고 하는데 왜 그러는 거예요? 어디 이상 있나요?"

"어디 보자. 별다른 이상은 없어 보이는데, 자주 그런가요?"

"네, 근래 들어서 자주 배가 아프다고 하네요."

"하루 중 언제 배 아픈 증상을 이야기하던가요?"

"음…… 아침에 자주 그래요. 아침밥까지는 맛있게 잘 먹고 나서요. 학교 가기 전에 자주 아프다고 이야기를 했어요."

"성은이가 이제 1학년에 갓 입학했죠? 아무래도 학교라는 낯선 환경과 새로운 친구들과 선생님 때문에 불안을 느끼는 것 같습니다."

이 이야기의 주인공은 바로 나 자신이다. 나는 지금도 생각이 난다. 태어나서 처음으로 간 학교라는 곳은 유치원과는 비교가 되지 않을 만큼 크고, 또 낯설었다. 교실에는 많은 친구들이 있었는데 하나같이 처음 보는 친구들이었다. 종이 울리고 수업이 시작되고 나면 괜찮았는데, 그 전까지가 참 힘들었던 것 같다. 자유롭게 교제하는 그 시간이 무척 어려운 시간으로 느껴졌고,

그렇다 보니 학교 가기 전에는 늘 배도 아프고 머리도 아픈 것 같 았다.

나는 학교에 입학하고서부터 부쩍 표정이 어두워졌는데, 엄마 는 단순히 피곤해서 그런 줄 알았다고 하셨다. 사실 나는 유치원 다닐 때 항상 친구들이 많았고 앞장서서 리더 역할을 하던 아이 여서 또래 관계에 있어 어려움을 겪으리라고는 전혀 생각을 하지 못하셨다고 한다.

가끔 당시를 떠올리며 엄마와 이야기를 나누면 이렇게 말씀하 신다.

“넌 다른 아이들보다 활달하고 씩씩해서 학교생활도 잘해내리 라고 생각했어. 그래서 설마 네가 또래 관계에서 어려움을 겪는 다는 건 눈곱만큼도 생각 못 했단다. 그때 많이 힘들었지? 내 딸, 엄마가 학교생활에 더 많은 관심을 가지고 어려움이 있다는 걸 눈치채고 도와주었어야 했는데, 지금 생각해도 미안하고 후회가 되네.”

많은 아이들이 또래 관계에서 어려움을 느낀다. 물론 대부분 은 시간이 지나면서 또래 집단 속에서 자연스럽게 친해지는 과정 을 거친다. 하지만 지나치게 소극적인 아이의 경우에는 엄마의 도움이 필요하다. 소극적인 아이는 혼자 힘으로 또래들에게 다 가가거나 친해지는 일이 너무나 힘이 든다. 그래서 엄마가 개입 해서 또래들과 친해질 수 있는 계기를 만들어줄 필요도 있는 것이다.

아이의 생일, 아니면 특별한 날을 만들어서 친구들을 초대해 함께 놀고 간식도 먹으며 친해지는 시간을 가지는 것이 많은 도움이 될 수 있다. 아이들에게도 무언가 친해질 계기가 있으면 자연스레 서로 가까워질 수 있기 때문이다. 하지만 그 전에 전제되어야 할 것이 있다. 아이의 또래 관계의 어려움에 대해서 '왜 그런지' 엄마가 세심하게 잘 파악해야 한다는 것이다.

수민이네 이야기를 들어보자.

"원장님, 우리 수민이가 요즘 들어 학교 가기를 싫어해요. 1학년 때는 그렇게도 씩씩하고 방학 때도 학교에 놀러 가던 아이가 2학년이 되면서부터 부쩍 '학교 가기 싫어!'라는 말이 입에서 자주 나오네요. 처음엔 학교 가기 전에 머리가 어지럽다고 자주 그랬어요. 열도 재보고 병원도 가보았는데 별문제가 없다고 하기에 혼내면서도 학교는 무조건 보냈어요. 우리 수민이에게 무슨 문제가 있는 걸까요?"

수민이 엄마의 이야기를 듣고 나는 수민이에게 친구들 관계에 어려움이 있다는 것을 직감했다. 수민이는 나름대로 엄마에게 '아프다'라는 말로 자신에게 어려움이 있다며 SOS 요청을 한 것이다. 하지만 엄마는 진짜 머리가 아픈 줄 알고 병원에만 데리고 가곤 했다. 여기서 부모님이 분명히 기억해야 할 것이 있다. 아이들의 표현 방법에 익숙해져야 내 아이의 현재 상태를 잘 파악할 수 있다는 것이다. 아이는 저마다 성향과 기질이 다르고 표현 방법이 다르다. 따라서 직설적인 아이 혹은 소극적인 아이에 맞게 부모가 다르게 파악하고 도움을 주어야 한다.

아이가 등교 시간이 다가올 때마다 자주 몸이 아프다고 호소한다면 반드시 원인을 파악해야 한다. 내가 살펴본바 크게 두 가지를 꼽을 수 있다.

첫째, 신체적인 문제로 또래들에게 놀림을 받는 경우
–유난히 크거나 작은 키, 뚱뚱하거나 빼빼 마른 몸, 눈에 띄는 점이나 흉터 등

둘째, 내 아이에게 또래가 싫어할 만한 원인이 있는 경우
–언어에 문제가 있거나 지극히 개인주의, 소극적인 성격, 새침데기이거나 청결하지 못한 옷 등

아이가 학교나 유치원에 가기 전에 갑자기 머리나 배가 아프다고 한다면 한 번쯤은 우리 아이에게 또래 관계의 어려움이 있나, 생각해보고 관찰해봐야 한다. 단순히 처음이라서 문제가 되는 경우라면 자연스럽게 친해질 수 있는 계기를 만들어주면 도움이 되겠지만, 또래 친구들에게 놀림을 받고 있거나 따돌림을 당하고 있는 경우라면 문제가 심각해진다. 그럴 경우에는 빨리 아

동심리상담 전문가에게 상담을 받아보는 것이 좋겠다.

아이들은 또래들과의 관계를 통해 사회성을 발달시켜 나간다. 그 과정에서 다양성을 경험하고 배우며 세상에 대해 알게 된다. 또래들과의 관계는 사회성 발달 시기에 너무나 중요한 부분이다. 그렇기 때문에 아이가 이 시기에 또래들과의 관계에서 원만하게 어울리지 못하고 어려움을 겪는다면 고학년이 되고 어른이 되어서도 똑같은 일이 발생할 확률이 높다. 그렇게 자란 아이들은 나중에 커서 사회생활을 할 때 사람들과 어울리지 못한 채 혼자서 겉돌게 된다.

따라서 내 아이에게 문제가 있다는 것을 알았을 때는 부모가 적극적으로 나서서 아이가 또래들과 관계 형성을 할 수 있도록 도와주어야 한다. 필요하다면 선생님과 상담을 통해 도움을 청하는 것도 한 방법이다.

04

두려움_
불안해하거나 쉽게 짜증을 내요

오늘은 은지가 다니고 있는 어린이집에서 발표회가 있는 날이다. 몇 달 전부터 율동 연습도 하고 악기 연주 연습도 하고 영어동극까지 열심히 준비했다. 은지 엄마는 설레기도 하고 딸아이의 공연을 볼 생각에 며칠 전부터 기분이 좋았다.

"은지야, 준비 다 했어? 오늘 우리 은지 어린이집에서 발표회하는 날이네? 할머니, 할아버지, 이모, 사촌 언니, 오빠들도 모두 은지 보러 온다고 했어. 엄마 너무 기대된다!"

"엄마, 나 오늘 어린이집 안 가면 안 돼?"

"뭐? 갑자기 왜? 오늘이 얼마나 중요한 날인데. 말도 안 되는 소리를 하고 있어. 얼른 옷 입고 나와!"

“싫어! 나 오늘은 어린이집 가기 싫단 말이야!”

은지 엄마는 깜짝 놀랐다. 은지 엄마는 ‘은지가 갑자기 왜 그러지? 무슨 일이 있었나? 어린이집 가기를 제일 좋아하는 아이인데 오늘따라 이상하네’ 하고 속으로 생각하며 놀란 마음을 내려놓고 공연장에 갈 준비를 했다. 오늘따라 더 예쁜 모습을 한 은지 엄마와 나는 길에서 마주쳤다.

“오늘 무슨 날이에요? 이렇게 예쁘게 하시고 어디 가시는 길이세요?”

“오늘 우리 은지가 어린이집에서 발표회 공연을 해요.”

“그렇구나. 은지가 많은 사람들이 지켜보는 무대에 서는 것이 처음이죠? 굉장히 떨리겠네요. 응원 많이 해주세요. 우리 은지 무대 체질이라 잘할 거예요.”

“저…… 그런데 원장님, 오늘 아침에 은지가 어린이집 안 가면 안 되냐면서 오늘은 가기 싫다고 말하더라고요. 제가 좀 많이 당황했어요. 갑자기 오늘 왜 그러는 걸까요?”

부모에게 있어 어린이집 발표회는 가슴 설레는 장소가 되겠지만 아이에게 있어 무대는 ‘두려움’의 장소가 될 수 있다. 무대는 아이가 ‘처음’ 서보는 곳이기 때문이다. 한두 번 해보면 익숙해질 수도 있겠지만 태어나서 처음 만나는 상황이라면 공포의 시간이 될 수도 있는 것이다. 그래서 은지는 몇 달 동안 노력해서 연습을 해놓고도 막상 발표일이 되자 피하고 싶어진 것이다.

아이가 다니는 유치원이나 어린이집에서 내 아이가 공연하는 모습을 본 적이 있을 것이다. 예쁜 옷을 입고 무대에 오른 것 자체가 너무나도 사랑스럽다. 그동안 연습한 율동을 보여주기 위해 무대에 오른 아이들은 음악이 나오면 훌륭한 공연을 펼쳐준다. 그러나 어떤 때는 울음바다가 되기도 한다. 그 모습마저 귀여운 순간이다. 객석에 앉은 사람들이 응원의 박수도 보내고 환호성도 지르고 아이의 이름도 큰 소리로 불러준다. 그렇게 해도 아이에게 무대는 두려운 장소이다 보니 더 큰 소리로 울어버리는 아이들도 있다. 또한 소극적이고 부끄럼이 많은 아이는 무대 위에서 오줌을 싸는 실수를 하기도 한다.

많은 아이들이 위의 사례에 나오는 은지처럼 불안해하거나 쉽게 짜증을 내곤 한다. 나는 그 이유를 두려움이라는 감정 때문이라고 말하고 싶다. 아이들은 다음의 상황에서 불안감과 두려움을 느끼게 된다.

첫째, 무언가 새로운 것을 시작할 때

새로운 장소에 가거나 처음 접해보는 일을 할 때다. 호기심이 많은 아이는 새로운 것에 늘 자극을 받고 새로움에 신선함을 느낄 수도 있다. 하지만 전에 비슷하게라도 경험해보지 못한 것을 처음 시도할 때는 보통 아이라면 두려움을 느끼게 된다. 또한 나이가 어릴수록 두려운 것이 더 많다. 그래서 아이들에게는 천천히 탐색을 하고 반복적으로 해보는 것이 아주 중요하다.

초등학교에 갓 입학한 아이를 둔 사촌 동생이 걱정이 가득한 목소리로 나에게 말했다.

"언니, 우리 다나가 어릴 때부터 초등학교 다니고 싶다고 그렇게 노래를 부르더니, 막상 입학식이 다가오니까 학교 가기 싫다고 다시 유치원으로 가고 싶다고 그래. 책가방, 학용품도 다 필요 없다고 갖다 주라고 그러고. 갑자기 왜 그러지?"

난생처음 '학교'라는 곳을 가게 된 다나에게 '두려운' 감정이 생긴 것이다. 그래서 나는 이번 주말 다나와 함께 놀아주기로 했다. 물론 다나가 입학하게 될 초등학교 방문이 나의 목적이었다. 다나와 함께 학교 구경도 하고 운동장에서 신 나게 놀아주려고 말이다. 이처럼 아이가 믿고 따르는 누군가가 함께 시간을 가져 주면서 두려움을 줄여주는 것이 좋다. 또한 두려움은 누구나 다 느끼는 감정이라는 것을 알려주자. 두려움을 무찌르고 승리하면 더 멋진 일이 기다리고 있음을 일깨워 주는 것이다.

둘째, 무서운 감정을 느낄 때

아이가 무서운 감정을 느낀 적이 있는 사람이나, 그렇게 느꼈던 일을 또다시 보거나 겪으면 아이는 두려움을 느끼게 된다. 보통 병원, 경찰서, 또는 동화 속에서 만났던 무서운 캐릭터에게 두려움을 많이 느낀다.

“경은아, 엄마랑 병원 같이 다녀오자.”

“엄마, 왜요?”

“엄마가 아파서 주사 맞아야 할 것 같아.”

경은이 엄마는 감기 몸살이 심한 것 같아 일곱 살 난 딸아이와 함께 병원에 다녀오려고 준비하고 아이의 손을 잡았는데, 손에 땀이 흥건했다. ‘갑자기 얘가 왜 이러지? 어디 아픈가?’ 경은이 엄마는 혹시나 해서 병원에 가서 경은이의 열도 재보았는데 멀쩡했다. 알고 보니 경은이가 병원이란 곳에 무섭고 두려운 감정을 느껴 긴장했던 것이었다.

이렇듯 아이들은 일상생활에서 두려움을 느끼는 일을 자주 만난다. 부모가 아이의 감정을 잘 파악하고 그때그때 잘 대처해야 한다. 아이가 특정 인물, 장소를 두려워한다면 그곳에 대해 좋은 감정을 가질 수 있도록 도와주어야 한다. 아이가 기억하는 부정적인 면보다 긍정적인 면을 부각시키는 이야기를 해주면 도움이 된다.

내 아이의 두려움을 극복하기 위해선 엄마가 늘 곁에 있다는 것을 인식시켜주는 것이 좋다. 아이는 불안하거나 두려움이 생길 때 ‘아, 내 곁에는 항상 엄마가 있지’ 하고 용기를 가질 수 있기 때문이다.

또한 새로운 것을 시작할 때 두려움을 느끼지 않도록 용기와 힘을 주는 방법을 고민해야 하겠다. 엄마와 함께 예비로 먼저 경험을 시켜주는 것이 좋은 방법일 것이다. 그리고 평소에도 아이에게 "괜찮아. 넌 잘할 수 있어. 힘내!", "네가 못 하면 누가 할 수 있겠어?", "우리 아들, 엄마는 너를 믿어" 등 격려의 말을 자주 해주자.

평소에 엄마가 어떤 일에서든 자신 있는 모습을 자주 보여주는 것도 중요하다. 그럴 때 내 아이 역시 힘든 일이 있어도 엄마처럼 씩씩한 사람이 되고 싶은 마음에 용기 있게 행동하게 된다.

05

수치심_
말을 더듬어요

얼마 전에 모처럼 백화점에 쇼핑을 갔다. 주차를 하고 구름다리를 통해 본관으로 넘어가는 길목에서 사람들이 여럿 모여 수군거리며 1층 광장을 바라보고 있는 것이 보였다.

'무슨 일이지?'

고개를 빼꼼히 내밀어 내려다보는 순간 나는 깜짝 놀라고 말았다. 한 중년 여성이 큰소리를 내며 많은 사람이 보고 있는 공공장소에서 초등학교 저학년으로 보이는 아이를 막무가내로 혼내고 있는 것이 아닌가. 중년 여성은 마치 목소리에 확성기를 단 것처럼 우렁찬 소리로 화를 내고 있었다. 그 여성은 다름 아닌 아이의 엄마였다.

“야! 사람 많은 데서 혼나니 좋아? 기분 좋게 쇼핑하면 되지, 왜 엄마를 열 받게 해? 꼴좋다. 사람들이 다 너 쳐다보네. 기분 좋냐? 아무튼 이런 곳에 데려오면 안 된다니까!”

어떤 사정인지는 몰라도 아이가 너무 측은했다. 그 아이는 멀리서 지켜보는 나조차 얼굴이 확 달아오를 정도로 심하게 혼나고 있었다. 그 순간 ‘아이의 마음은 오죽할까’ 하는 생각이 들면서 내 마음이 다 아파왔다.

그날 아이의 엄마는 정말 큰 실수를 했다. 아이의 가슴속에 평생 두고두고 지워지지 않을 대못을 박았기 때문이다. 앞으로 엄마가 아이에게 아무리 잘해주어도 아이는 그날 공공장소에서 자존심에 상처를 입은 그 일을 잊지 못할 것이다.

나는 씁쓸한 기분으로 쇼핑을 하다가 아까 그 엄마와 아이를 같은 매장에서 딱 마주쳤다. 그런데 이상한 점이, 아이가 엄마에게 이야기를 하는데 기가 팍 죽어서 말을 더듬는 것이었다. 겉보기에 멀쩡해 보이는 예쁜 여자아이였는데 입만 열면 기어 들어가는 목소리로 말을 심하게 더듬는 것이 아닌가.

아이 엄마가 옷을 입으러 들어간 사이 난 아이에게 말을 걸었다.

“안녕, 반가워! 참 예쁘게 생겼구나. 몇 학년이야?”

“아, 안녕……하세요. 이……일곱 살……이에요.”

간단한 질문에 간단한 대답이었지만 아이는 말을 심하게 더듬거리면서 말했다. '왜 그러지? 일곱 살이면 말 더듬을 나이도 아닌데 심하게 더듬네' 생각하는 순간 나의 뇌리를 스치는 여러 가지 생각이 있었다. 실제로 심리적인 충격을 크게 받았거나 심리가 불안정할 때 말을 더듬는 경우가 많다. 아마도 조금 전의 정황으로 보아서는 엄마를 통해서 자주 수치심을 느꼈을 가능성이 커 보였다.

심리가 늘 불안하다 보니 그게 말을 할 때 그대로 표출이 된 것이다. 분명 아이는 집에서도 사소한 실수에도 엄마로부터 심한 말과 함께 야단맞았을 것이다. 이런 아이는 늘 위축되어 있고 의기소침하게 마련이다. 엄마가 먼저 바뀌어야 아이의 말 더듬는 행동이 바뀌게 된다. 이런 아이를 그대로 방치한다면 말을 더듬는 증상은 더욱 심해진다. 급기야 학교에서 또래들로부터 왕따를 당하는 심각한 일이 일어날 수도 있다. 따라서 전문가에게 상담을 받아 조치를 취해야 한다.

주위를 보면 말을 더듬는 아이들이 더러 있다. 아이가 말을 더듬는 이유는 크게 네 가지로 생각해볼 수 있다.

첫째, 심리적으로 불안정해서
둘째, 말하는 속도보다 생각하는 속도가 훨씬 빨라서
셋째, 가족이나 주위에 말을 더듬는 사람이 있어서(처음 몇 번은 따라 해보다가 그것이 진짜로 굳어져 버린 경우)

이 중에서도 심리적인 불안정이 가장 큰 이유라고 볼 수 있다. 어른들만 느낄 것 같은 '수치심'이라는 감정을 아이들도 똑같이 느낀다. 엄마나 아빠로부터 자주 혼나고 야단맞는 아이들 가운데 특히 말을 더듬는 아이들이 많다. 따라서 아이들이 실수를 하거나 잘못한다고 해서 사람이 많은 곳에서 큰 소리로 화를 내며 야단치는 일은 절대로 없어야 한다. 아직 모든 면에서 부족한 아이이기 때문에 실수하고 잘못할 수 있다는 것을 기억해야 한다.

친구 중에 '외남'이라는 이름을 가진 친구가 있다. 부모님을 비롯해 할머니, 할아버지, 그 외 모든 친척들이 아들이 태어나기를 바랄 때 딸로 태어난 이 친구는 바깥 외外 사내 남男 자를 써서 외남이라는 이름을 받았다. 외남이는 어릴 적부터 항상 들어오던 소리가 있다고 했다.

"어이구, 아들로 태어났어야 했는데……. 왜 태어났니? 방에 들어가 있어!"

그 친구는 어릴 때부터 어른들로부터 미움을 많이 받고 자랐다고 한다. 그러다 동생이 태어났는데, 고대하던 '아들'이었다. 외남이는 드디어 '이제 나도 사랑받을 수 있겠구나' 하고 어린 마음에 기대를 했다. 하지만 기대는 여지없이 실망으로 이어지고, 동생마저 크면서 누나를 괴롭히고 비웃고 조롱했다고 한다. 외남이는 매일매일 느끼는 감정이 수치스러웠다고 했다.

외남이는 "여자로 태어난 것이 수치스러워"라는 말을 나에게 자주 했다. 또한 "역시 난 안 돼. 내가 뭘 하겠어. 그럼 그렇지" 등 매사에 부정적인 이야기를 자주 했다. 그런 외남이에게 이상한 점이 발견되었다. 나랑 이야기할 때는 멀쩡한데 선생님들이 질문을 하거나 말을 걸면 말을 더듬는 것이었다.

'어? 왜 그러지? 나랑 이야기할 때는 안 그러는데……'

나는 그 이유를 스무 살이 넘어서야 알 수 있었다. 엄마나 아빠, 할머니, 할아버지 등 어른들을 보면 긴장이 되어서 말을 더듬게 되었는데, 그 버릇이 커서도 고쳐지지 않은 것이었다. 그 친구가 사회생활을 하면서 말을 더듬는 습관 때문에 다른 사람들보다 몇 배로 힘이 들지 않을까 하는 생각이 든다.

내 아이가 어릴 때 누군가가 무심코 던진 말, 혹은 행동에 수치심을 느끼고 그것이 말을 더듬는다거나 또 다른 이상 행동으로 나타난다면 재빨리 파악하고 아이의 마음 다독여줘야 한다. 아픈 마음에 약을 발라주지 않는다면 말을 더듬는 증상은 쉽게 나아지지 않는다.

간혹 부모들 가운데 '그러다 말겠지', '괜찮아지겠지' 하고 방관하는 이들이 있다. 저절로 괜찮아지는 경우는 열에 하나 정도다. 그만큼 한번 굳은 말 더듬는 습관은 고치기 힘들다. 아이가 어른이 되어서 대인 관계에서 겪게 될 어려움을 생각한다면 적극적으로 나서서 대안을 마련해야 한다. 무엇보다 아이에게 수치심을 느끼게 하는 말이나 행동을 조심해야 한다. 항상 아이의 입장에서 이해하고 공감하면서 말과 행동을 하는 것이 좋다.

아이가 태어나고 3세 미만까지의 시간에 부모와의 유대감이 충분히 형성된 후라면 아이가 '긍정의 수치심'으로 느끼고 받아들이기도 한다. 하지만 만약 그 시기에 아이가 엄마 아빠와 충분히 유대감을 형성하지 못했다면 아이가 느낀 수치심의 감정을 인정해주고 충분히 그럴 수 있음을 이해시켜주기 위해 노력해야 한다. 그렇게 함으로써 상처 난 아이의 자존심과 감정이 치유되고 건강한 자아로 발전하게 된다.

06

열등감_
의기소침하고 소극적이에요

소리노리터에 함께 다니는 둘도 없는 단짝 친구가 있다. 이제 막 초등학교 1학년이 된 소연이와 영지다. 다섯 살 때부터 유치원도 함께 다니며 같은 아파트에 살다 보니 어른들도 서로 친하고 자연스레 아이들도 단짝이 되었다.

우리 연구소에 처음 온 날이 기억난다. 태어나서 처음 보는 색다른 악기들을 만지며 너무 신기해하고 즐거워하던 두 친구는 둘 다 활발하고 적극적인 성향을 많이 보았다. 그런데 이상한 것은 피아노 수업 시간에는 두 아이의 성향이 갈린다는 것이었다.

한 친구는 여전히 적극적이고 활발한 반면에 다른 한 친구는 갑자기 말수가 줄어들면서 목소리가 아주 작아졌다. 수업 시간에 영지의 모습은 '적극적'에서 '소극적'으로 바뀌었고, 의기소침한 모습을 자주 보여주었다. 그러다 수업이 끝나면 언제 그랬느냐는 듯이 활발한 아이로 돌아왔다.

내 경험으로 비추어 영지가 소연이에게 열등감을 가지고 있는 것이 분명해 보였다. 아니나 다를까, 하루는 영지 엄마가 상담을 요청해 왔다.

"원장님, 우리 영지가 요즘 이런 이야기를 자주 해요. '난 못 해. 나는 주연이보다 안 예뻐. 나는 민주보다 영어 못해. 나는 소연이보다 피아노 못 쳐.' 아이에게서 그런 이야기를 듣고 있자니 너무 속상하고 화가 나서 어제는 화를 버럭 내버렸지 뭐예요."

피아노 수업 시간에 보여주었던 영지의 모습을 떠올려 보았다. 지금도 충분히 잘하고 있음에도 불구하고 늘 자신 없어 하고 불안해하던 영지가 소연이가 아닌 다른 친구들에게도 열등감을 느끼고 있는 것이었다.

영지 엄마에게 언제부터 영지에게 그런 모습이 보였는지 물어보았다.

"유치원 다닐 때까지는 괜찮았는데, 초등학교 입학하면서부터 영지가 친구들과 자기를 부쩍 비교하면서 자신 없어 하고 부정적인 말을 자주 했던 것 같아요."

영지는 초등학교에 가면서 많은 변화를 겪었을 것이다. 환경적인 변화를 시작으로 문화적 변화·시각적 변화·시간적 변화 등 갑자기 새로운 변화를 한꺼번에 경험하다 보니 두려운 마음이 생겨났을 것이다. 그때 누군가가 "영지는 할 수 있어!", "넌 사랑스러워", "영지는 무엇이든 잘해낼 수 있어!" 하는 긍정의 말을 자주 해주었다면 영지는 달라졌을 것이다. 성인들 중에도 열등감을 가지고 있는 이들이 많다. 어린 시절 느낀 열등감에서 벗어나지 못하면 어른이 되어서 더 깊은 열등감으로 무장하게 된다. 그러므로 아이들이 가진 열등감을 자신감으로 바꿀 수 있도록 이끌어야 한다.

그럼 내 아이의 열등감을 자신감으로 바꿔주기 위해선 어떤 방법이 있을까?

첫째, 엄마로부터 긍정의 에너지를 전달받도록 하자

부부간의 사이좋은 모습, 밝게 웃는 얼굴, 자신감에 찬 표정, 이 모든 것이 모여서 나의 이미지가 된다. 내가 가진 긍정의 에너지가 고스란히 내 자녀에게 흘러가도록 해주자.

둘째, 서로 다름을 인정하는 법을 알려주자

사람은 누구나 서로 다른 개성을 가지고 있고 서로 잘하는 분야가 다르며 좋아하는 방면도 다르다. 상대방을 인정해주고 박수쳐줄 수 있는 아이로 키우자. 또한 내가 잘하는 것을 인정하며 그 부분에서만큼은 최선을 다할 수 있도록 적극적인 도움을 주자.

셋째, 제대로 칭찬해주자

'칭찬'이 좋다는 것은 누구나 알고 있을 것이다. 그러나 제대로 칭찬을 하고 있는지 생각해보아야 한다. 보통은 아이들에게 무조건적인 칭찬을 자주 하게 된다.

"엄마 나 오늘 받아쓰기 100점 맞았어!"

"잘했어! 우리 민국이 너무 잘했어!"

위와 같은 칭찬은 결과 위주의 칭찬을 해준 경우다. 100점을 맞은 행위를 너무 잘했다고 칭찬한 것이다. 물론 칭찬해줄 일이 맞고, 잘한 것이다. 하지만 결과 위주의 칭찬보다 과정 위주의 칭찬을 해주는 것이 훨씬 더 아이에게 긍정적인 영향을 미친다.

"엄마 나 오늘 받아쓰기 100점 맞았어!"

"잘했어! 우리 민국이 매일 책도 많이 읽고 쓰기 연습도 많이 하고 그러더니 받아쓰기도 100점을 맞았구나!"

엄마의 말에 아이는 생각하게 된다. '아, 내가 매일 책 읽고 쓰기 연습을 하니까 받아쓰기도 100점 맞는 거구나. 앞으로도 매일매일 열심히 해야지!' 이렇게 무엇이든 억지로 강요하기보다 아이가 자발적으로 잘할 수 있도록 격려하고 칭찬해야 한다. 칭찬의 힘은 굉장하다. 오죽하면 "칭찬은 고래도 춤추게 한다"라는 말까지 있을까.

나는 보통 열등감에 사로잡혀 있는 아이들의 엄마와 상담을 할 때면 나만의 특단의 처방을 내려준다. 열등감이 심한 아이들 뒤에는 대부분 열등감을 가진 엄마가 있다. 내 경험상 엄마부터가 매사에 자신이 없고 확신이 없다면 아이는 자신도 모르게 엄마의 그런 모습을 닮게 된다.

내 아이의 열등감을 없애기 위해선 아이 스스로 자신이 다른 아이들과 다름을 인정하고 자신을 아끼고 사랑하도록 해야 한다. 그러기 위해선 격려와 칭찬을 아끼지 않는 엄마가 되어야 한다. 그리고 오늘 당장 내 아이를 위해 엄마인 나부터 열등감에 시달리는 엄마가 아닌지 점검해보자.

07

애정 결핍_
편식이 심해요

"어머니, 경록이가 오늘도 점심시간에 반찬은 하나도 안 먹고 밥만 먹었어요. 제가 달래서 반찬도 함께 먹여보려고 했는데 결국은 하나도 못 먹였어요. 집에서는 어때요? 집에서는 반찬도 잘 먹나요?"

다섯 살 난 경록이의 유치원 담임선생님이 며칠에 걸러 한 번씩 전화를 해서 매번 하는 말이라고 한다. 집에서도 경록이가 편식하지 않도록 야단도 치고 하는데 고쳐지지 않는다는 것이다.

"원장님, 우리 경록이가 너무 편식이 심한 거 같아요. 집에서는 좋아하는 반찬 한 가지만 가지고 밥을 먹는데 유치원에 가서는 반찬을 아예 먹지도 않는다고 하네요. 걱정이에요. 우리 경록이가 왜 그러는 걸까요? 어떻게 하면 제가 고쳐줄 수 있을까요?

사실 경록이뿐 아니라 많은 아이들이 편식을 하고 있다. 자신이 좋아하는 반찬은 많이 먹으려 하고 관심이 없는 반찬에는 아예 손도 대지 않는다. 그러다 보니 식사 시간 때마다 편식과의 전쟁을 치르곤 한다. 그렇다면 아이가 반찬을 골고루 먹지 않고 편식을 할 때는 어떻게 해야 할까?

먼저 부모가 여러 음식을 골고루 맛있게 먹는 모습을 보여주는 것이 가장 바람직하다. 아이는 부모의 거울과 같다. 사실 편식하는 아이의 부모를 만나보면 거의가 부모 가운데 모두, 아니면 한 사람이 편식을 하는 경우가 많다. 엄마나 아빠가 좋아하는 음식만 골라 먹는 모습을 본 아이들은 열에 아홉은 똑같이 편식하는 모습을 보인다. 아이의 편식하는 습관을 고치기 위해선 부모부터 반찬을 골고루 먹어야 한다. 그래야 아이는 그런 부모의 모습을 보면서 자연스럽게 편식하는 버릇을 고치게 된다. 아이가 편식하지 않고 골고루 반찬을 잘 먹었을 때에는 칭찬을 듬뿍 해주고, 아이가 갖고 싶어 하는 물건을 선물하는 등 상도 줘보자. 아이는 반찬을 골고루 먹기 위해 노력하게 된다.

또 하나, 아이가 나이가 어리다면 유독 먹지 않는 반찬을 색다르게 조리하는 것도 한 방법이다. 아이가 자연스럽게 먹어볼 수 있는 기회를 제공하는 것이다. 아이들용으로 나온 식판을 사용하는 것도 도움이 되겠다. 식판에 알맞은 양을 덜어주고 다양한 반찬을 먹을 수 있도록 도와주는 것이다.

그러나 우리가 조금 더 깊이 생각하고 따져봐야 할 것이 있다. 어느 날 우리 아이가 갑자기 편식을 한다면? 그것이 내 아이가 보내는 감정 신호일 가능성이 있기 때문이다. 앞에서 소개한 경록이의 경우에도 요즘 들어 아빠는 매일 야근에 주말까지 회사에 나가고 있는 상황이었다. 엄마는 새로운 직업을 가지기 위해서 자격증을 따러 다니신다고 했다. 그러다 보니 자연스레 아이에게 신경을 덜 쓰게 되었다. 그러자 경록이는 갑자기 엄마 아빠가 달라진 것 같은 느낌에다 애정 결핍이 원인이 되어 불안해졌을 수도 있다. 이처럼 애정 결핍과 불안감이 편식으로 나타나기도 한다.

사람은 아이나 어른이나 심리적으로 불안하면 익숙한 것만 찾는 경향이 있다. 이는 식사 시간에도 예외 없이 적용된다. 집에서 부모와 함께 먹는 반찬만 찾고 하루하루 달라지는 유치원 반찬에는 거부감을 나타내는 것이다. 만일 경록이가 단순히 그날 하루 특정한 반찬이 먹기 싫었다면 매일같이 편식하지는 않았을 것이다. 엄마는 내 아이의 그런 감정 신호를 잘 포착해야 한다.

유빈이네 이야기를 들어보자.

"엄마는 왜 나 안 안아줘?"

"유빈아, 엄마가 오늘도 얼마나 많이 안아줬는데 그러니?"

"엄마가 언제 나 안아줬어?"

"오늘 아침에도 안아줬고 유빈이 유치원 다녀와서도 안아주었는걸."

"엄마는 유빈이 열 번도 안 안아줬어!"

"……."

유빈이 엄마는 무척 당황스러웠다고 했다. 그동안 딸에게 충분히 애정 표현을 해주었다고 생각했는데, 유빈이가 느끼기엔 턱없이 부족했나 보다.

아이에게 애정 표현을 할 때 주의해야 할 점이 있다. 엄마의 기준에서 '충분히' 해주는 것이 아니라 아이의 기준에서 '충분히' 해주어야 한다는 것이다. 그래야 아이가 느끼기에 사랑받고 있다는 감정을 충분히 느낄 수 있다.

그런 유빈이가 요즘 밥을 먹을 때 편식을 하기 시작했다고 한다. 아직 편식을 시작한 지 얼마 되지 않아서 유빈이 엄마는 아이들이 편식을 한 번쯤은 하니까 그러려니 하고 대수롭지 않게 생각하고 있는 것 같았다. 그래서 유빈이 어머니에게 편식을 빨리 고칠 수 있는 방법을 알려주었다.

내가 보기에 최근에 유빈이 동생 유정이가 태어나면서 온 가족이 둘째에게 모든 관심과 애정을 쏟고 있는 것 같았다. 그러다 보니 유빈이가 상대적으로 애정 결핍을 느끼고 있을 가능성이 있었다. 그래서 유빈이가 생각하는 '충분히'에 초점을 맞추어서 사랑과 관심, 격려, 애정 표현을 해보라고 말해주었다. 얼마 뒤 유빈이 엄마가 활짝 웃으며 내가 운영 중인 연구소에 방문하셨다.

"원장님 말씀이 맞았어요. 시키시는 대로 했더니 갑자기 편식하던 것도 사라지고 예전처럼 골고루 잘 먹지 뭐예요? 그리고 매번 침울해하며 '엄마는 유빈이 왜 안 안아줘? 엄마는 유빈이 사랑 안 해?' 하던 질문들을 전혀 하지 않아요. 유빈이가 생각하는 '충분히'에 초점을 맞추었더니 다 좋아졌네요. 감사합니다!"

아이들이 편식을 하는 이유를 '애들은 한 번씩 그러니까' 하고 편하게 결론지어선 안 된다. 또한 '크면 괜찮아지겠지' 생각하고 그냥 넘어가서도 안 된다. "세 살 버릇 여든 간다"라는 말이 편식에도 해당되니 말이다.

아이가 갑자기 편식을 한다면 '우리 아이가 왜 갑자기 편식을 하지?' 하는 의문을 가지고 최근에 갑자기 부모의 모습이나 집안 환경이 달라지지 않았는지 점검해봐야 한다. 내 아이를 사랑한다면 아이가 보내는 다양한 감정 신호를 포착해야 한다. 그래야 아이가 무엇에 불만이 있고, 무엇을 원하는지 파악할 수 있다.

08

낮은 자존감_
실패, 실수에 대해 **다른** 사람 **핑계를 대요**

나에게 아홉 살 난 오촌 조카 우진이가 있다. 얼마 전 가족 모임이 있어서 꼬박 이틀을 함께하게 되었다. 그런데 우진이에게서 무언가 이상한 점이 발견되었다. 어떤 실수를 하고 나서 항상 동생이나 엄마, 혹은 다른 사람 핑계를 대는 것이었다.

"내가 그런 거 아니야. 다 민승이 때문이야."

"나 때문에 실수한 거 아니야! 다 엄마가 그렇게 하라고 해서 이렇게 된 거야!"

내가 지켜본 바로는 분명히 우진이가 실수한 부분인데도 좀처럼 인정하려 들지 않았다. 사실 실수한 것보다 더 위험한 것이 자신의 실수를 다른 사람에게 전가하는 것이다. 우진이처럼 실수를 인정하지 않으면 또다시 똑같은 크고 작은 실패를 경험하게 된다. 뿐만 아니라 타인과의 관계에서도 불협화음을 일으키게 된다.

나는 걱정이 되었다. '우진이가 왜 자신의 실수를 다른 사람에게 전가할까?' 생각하다가 원인을 찾을 수 있었다. 낮은 자존감이 문제였다. 나는 우진이의 자존감을 높여주기 위해 사촌 오빠 부부와 함께 대화를 나누었다.

먼저 사촌 오빠와 새언니가 우진이의 상태에 대해 잘 알고 있는지, 평상시에 낮은 자존감으로 인해 보이는 별다른 행동은 없는지 물어보았다. 그러자 요즘 우진이가 매사에 짜증이나 불평불만이 많다는 대답이 돌아왔다.

우진이에겐 지금 당장 부모님의 도움이 필요하다는 것을 알 수 있었다. 사춘기가 시작되고 나면 낮은 자존감을 높여주기가 훨씬 더 어려워지게 된다. 따라서 지금이 아주 시급한 상황이었다.

나는 사촌 오빠와 새언니에게 다음 두 가지 해결책을 알려주었다.

첫째, 작은 목표를 함께 정한 다음 달성했을 때 인정과 함께 충분한 보상을 해주기

자존감이 낮은 아이들의 환경을 파악해보면 공통점이 있다.

보통 칭찬에 인색한 부모 밑에서 자라거나 주위 사람들로부터 "틀렸어", "넌 왜 그 모양이니?", "넌 누굴 닮아서 이렇게 속을 썩여"와 같이 부정적이고 나무라는 말을 많이 들으며 자란 경우가 많다. 이런 부정적인 말은 자연스레 아이의 자존감을 떨어뜨린다.

앞으로 부정적인 말은 쓰지 않고 긍정적인 말과 함께 칭찬을 자주 해줘야 한다. 혹 실수한 부분이 있더라도 윽박지르기보다는 아이를 다독여주어야 한다. 특히 아이가 작은 목표를 달성했을 때 인정하고 칭찬해준다면 아이는 자신을 인정하고 사랑하게 된다. 자연히 자존감도 높아진다.

둘째, 아이가 가장 좋아하는 것 혹은 가장 잘하는 것을 시키기

자존감이 낮은 아이는 스스로 성취감을 맛보게 해줘야 한다. 보통 영유아 시기를 지나 6, 7세 이후가 되면 잘하는 부분을 반복적으로 시키기보다 잘하지 못하는 부분을 반복시키려는 경향이 짙다. 내 아이가 어떤 부분을 더 잘했으면 좋겠다는 부모의 욕심 때문이다. 따라서 부모의 욕심을 따르기보다 아이가 어떤 것을 가장 좋아하고, 잘하는지 파악해야 한다. 그리하여 아이가 자신 있어 하는 것들 위주로 자주 반복해서 시키면 아이는 성취감을 느끼게 된다.

자존감이 낮은 아이들에게서 나타나는 다섯 가지 특징이 있
다. 내 아이가 자존감이 낮은 아이가 아닌지 체크해보자.

첫째, 부정적인 말을 자주 한다

"못 해요", "할 수 없어요", "안 할래요"와 같은 부정적인 말을
자주 한다. 충분히 할 수 있을 것 같은데도 자신감이 부족하다 보
니 "못 하겠어요"라는 말이 먼저 나오는 것이다.

"누가 한번 해볼래? 우진이가 해볼까?"라고 물어도 "아니요"
라는 대답이 들려오기 일쑤다. 그럴 땐 "그럼 누가 한번 해볼까?"
하며 금세 아이를 포기하지 말고 한 번 더 아이의 마음을 터치해
주는 것이 좋다. "실수해도 괜찮아. 선생님(엄마)이 도와줄게" 하
며 계속적인 기회를 만들어주는 것이 포인트다.

둘째, 친구나 형제들을 지나치게 의식한다

특히 무언가 결정하거나 행동할 때 친구나 형제들의 눈치를 살
피며 따라 할 때가 많다. 간혹 자신의 의사를 슬쩍 이야기할 때도
있는데, 그러다 분위기가 아니다 싶으면 바로 꼬리를 내리고 만
다. 또한 부모의 눈치도 자주 살핀다. 아이가 아이답게 행동하는
것이 정상인데 자꾸 부모의 눈치를 보며 의식하는 것이다. 그 마
음속에는 '내 말은 들어주지 않을 거야', '실수하면 혼나겠지'라
는 생각이 담겨 있다.

셋째, 말끝을 자주 흐린다

당당하게 자신의 의사를 표현하는 모습을 보기가 어렵다. 대체로 목소리가 작고 힘이 없다. 자신감 있는 모습을 보여주다가도 결정적일 때 뒤로 슬그머니 빠져버린다.

넷째, 자기주장이 약하다

무언가 결정해야 할 때, 자신의 주장을 펼쳐야 하는 상황에서도 당당하게 말하지 못한다.

다섯째, 사람들 앞에서 말하기를 주저한다

이는 발표력과도 상관이 깊다. 많은 사람 앞에서 이야기를 잘하는 아이와 반대 성향인 아이는 앞으로 또래 집단의 생활, 나아가 성인이 된 후의 생활에서도 많은 격차가 생길 수밖에 없다.

아이가 핑계를 잘 대고, 자신의 잘못을 인정하기 힘들어한다면 혼내고 윽박질러서 내성을 키우게 해선 안 된다. 대신 아이의 자존감을 높여주기 위해 노력해야 한다. 아이가 실수나 잘못을 하더라도 절대 큰소리로 화를 내거나 나무라서는 안 된다. 아이가 자존심에 상처를 입으면 그 상처는 평생 가슴속에 남게 된다.

부모가 아이에게 큰 자산으로 남겨줄 수 있는 것 중 하나가 바로 '높은 자존감'이다. 자존감이 높은 아이는 세상 어디에서도 자신의 그릇을 채워나간다. 그래서 성공한 사람들은 하나같이 높은 자존감을 가지고 있는 것이다.

패배감_
못할 것 **같으**면 **쉽**게 **포기**해요

"어차피 나는 못하니까 그냥 포기할래."

"이번에 미술 대회는 엄마랑 아빠랑 동생이랑 함께 가기로 했잖아."

"못 하겠어, 포기할 거야."

지혜와 엄마가 한바탕 입씨름을 했다. 무언가 새롭게 시작하거나 어려운 과제를 해야 할 때면 어김없이 지혜는 못 한다고 투정을 부린다고 한다. 친구들과 놀다가 게임에서 지고 온 날은 풀이 죽은 모습으로 들어와서 "내가 꼴찌 할 줄 알았어. 다음부터는 안 할래"라고 말하고 방으로 들어가 버린다는 것이다.

지혜가 어쩌다 한 번이 아니라 매번 그러기에 하루는 지혜 엄마가 나에게 상담을 요청했다.

"유치원 다닐 때까지는 잘 몰랐는데 이번에 초등학교에 들어가더니 부쩍 더 심해진 것 같아요. 속상해 죽겠어요. 왜 그러는 거죠? 정말 바로잡아 주고 싶어요."

난 마음속으로 '현재 지혜의 상태를 알고 인정하고 있네. 정말 다행이다'라고 생각하며 먼저 지혜 엄마를 칭찬했다. 보통은 아이의 마음을 들여다볼 생각은 하지 않고 윽박지르며 혼내는 엄마가 많기 때문이다.

아이가 패배감에 사로잡혀 있는데 부모가 옆에서 "넌 어쩜 그렇게 잘하는 게 없니?"와 같은 말을 하면 안 그래도 상처 입은 아이의 마음에 소금물을 끼얹는 꼴이 되고 만다. 자연히 아이는 자존심에 상처를 입는 것은 물론 마음 깊이 자신에게 상처 주는 말을 한 엄마를 원망하게 될 것이다.

내 아이가 노력하면 충분히 잘할 수 있는 일인데도 쉽게 포기한다고 해서 아이만 닦달해선 안 된다. 먼저 아이의 생활을 자세히 들여다볼 필요가 있다. 분명 내 아이에게 강점과 약점이 있을 것이다. 그 부분을 잘 파악하고 인정해야 한다. 그리하여 강점은 더욱 강화시키도록 격려하고 칭찬해주고, 약점은 보완하거나 고칠 수 있도록 이끌어주어야 한다. 하지만 이때 아이에게 강점보다 약점을 느끼는 일에만 노출시키면 아이는 더욱 자존감이 떨어져 더 큰 패배감을 맛보게 된다.

나이가 어릴수록 패배감에서 벗어나기가 쉽지 않다. 그래서 지혜로운 엄마들은 어릴 때부터 작은 성공 경험을 쌓게 한다. 그리하여 아이가 자연스레 더 큰 성공을 향해 나아가도록 이끌어주는 것이다.

내 아이의 강점과 약점을 파악했다면 먼저 약점을 보완하는 것에 집중할 필요가 있다. 예를 들어, 학교나 그 외 공간에서 약점에 많이 노출되어 있다면 가정에서만큼은 아이의 강점을 부각시켜주는 것이다. 말수가 적고 숫기가 적은 친구들은 집 밖에서의 또래들과의 관계에서 어려움을 느끼게 된다. 하지만 집에서만큼은 아이의 신중하고 매사에 꼼꼼한 부분을 부각시켜 칭찬해줄 필요가 있다. 또한 식사 때나 책을 읽고 나서 느낀 점을 말하게 하거나 가족회의를 정기적으로 열어 의사 표현을 당당히 할 수 있는 습관을 키워주는 것도 바람직하다.

나는 엄마들에게 아이의 자신감을 키워주기 위해 '칠전팔기' 메시지가 담겨 있는 영웅담을 자주 들려주라고 조언한다. 책을 읽히든, 재미있는 이야기 형식으로 들려주든, 영상으로 보여주든 상관없다. 아이에게 실패해도 다시 도전할 수 있다는 것과 모든 성공에는 실패가 따른다는 메시지를 자연스럽게 일깨워 주는 것이 중요하다.

내가 운영하고 있는 소리노리터에도 쉽게 포기하고 패배감을 느끼는 친구가 종종 있다. 그런 친구가 속해 있는 그룹 수업을 할 때마다 나는 더욱 흥미가 생긴다. 아이가 패배감에서 벗어나도록 돕는 과정에서 뿌듯함과 성취감을 느낄 수 있기 때문이다.

내가 아이들을 패배감에서 벗어나도록 해주는 비법에는 여러 가지가 있다. 그 가운데 한 가지는 아이가 작은 일을 해냈을 때도 반드시 보상을 해주는 것이다. 이때 과제는 누구나 다 해낼 수 있는 쉽고 재미있는 것이어야 한다. 친구들과 함께 수업에 참여해서 똑같이 보상을 받다 보면 아이는 시간이 지나면서 수업을 떠나 다른 분야에까지 들뜬 표정으로 진지하게 참여하게 된다.

아이가 쉽게 포기한다고 해서 아이를 윽박지르거나 아이에게 실망해선 안 된다. 사실 우리 어른들도 어떤 일을 하다가도 끝까지 해보지 않고 포기하는 경우가 많지 않은가.

아이에게 결과보다 과정의 중요성에 대해 알려주자. 과정에 최선을 다하면 결과가 좋지 않더라도 충분히 보상하고 칭찬하자. 이런 과정을 통해 아이는 차츰 패배감에서 벗어날 수 있게 된다. 뿐만 아니라 조금씩 경쟁심을 가지게 되고 포기보다는 끈기가 생겨나 계속 도전하게 된다.

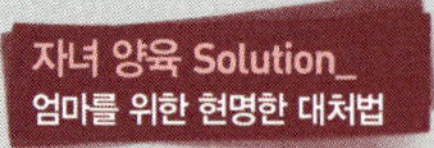

평소 안 하던 행동을 하는 건 힘들다는 신호다

아이가 보내는 신호를 무시하지 말자. 안테나를 아이에게로 조금 더 집중해 아이가 보내는 신호를 잘 받아들여서 도움을 줄 수 있어야 한다.

갑자기 아이가 평소와 다른 행동을 한다면 대부분 "갑자기 왜 안 하던 행동을 하고 그래?", "누굴 닮아서 자꾸만 말썽을 피워!"라는 말을 하게 된다. 이제 이런 말 대신에 그런 행동을 하는 아이의 입장에서 생각해보자.

'우리 아이가 요즘 힘든 부분이 있나 본데, 뭘까? 아이에게 조금 더 신경을 써주어야겠어. 어떤 부분인지 도와주어야겠네.'

아이가 평소 안 하던 행동을 한다는 것은 어떤 일 때문에 힘들다는 신호다. 따라서 아이가 신호를 보낼 땐 사소하게 여기지 말자. 아이에게 체력적으로든 감정적으로든 아프고 힘든 일이 생

겼구나, 하고 차근차근 파악해보자. 내 아이를 진정으로 사랑한
다면 아이의 SOS 요청을 기쁘게 받아들이자. 아이에게 있어 가
장 든든한 조력자는 엄마다.

성격에 따라 아이를 대하는 방법도 달라야 한다

01

순한
아이

자기주장이 강하지 못해 타인의 영향을 쉽게 받는다

나는 아이들과 그룹으로 음악 수업을 할 때 아이들의 성향 파악을 위해 다음과 같은 질문을 종종 던진다.

"누가 먼저 드럼을 연주해볼까?"

"누가 나와서 악기 바구니에서 악기를 골라볼래?"

"먼저 해볼 친구?"

이때 "저요! 제가 할래요" 하며 나서는 적극적인 아이가 있는가 하면, 옆 친구의 눈치를 보며 친구 따라 악기를 고르는 아이가 있다. 자신의 의사는 숨긴 채 자기주장이 강한 친구 뒤에 숨어 그를 따라서 말하고 행동하는 것이다.

자기주장이 강하지 못해 다른 아이들의 영향을 받는 아이들에게는 한 가지 공통점이 있다. 대체로 목소리가 작고 자신감이 없다는 것이다. 너무 쉽게 다른 아이의 영향을 받는 탓에 의견 충돌과 같은 다툼도 없다. 다른 아이에게 쉽게 양보해주거나 따라가기 때문에 그런 불협화음이 생겨날 리 만무한 것이다.

어른들은 자기주장이 약한 아이를 보며 '착하다'거나 '순하다'고 표현하기도 한다. 학교에서 아이들을 가르치는 한 교사 친구는 이런 아이들이 다루거나 가르치기가 편하다고 말한다. 타인에게는 이런 아이들이 편할지 몰라도 부모의 입장에선 답답하고 속이 타들어 간다. 그래서 왜 싫으면 싫다고, 좋으면 좋다고 똑 부러지게 말 못 하느냐고 윽박지르게 된다.

나는 자기주장이 강하지 못한 아이들을 볼 때면 안타까운 마음이 앞선다. 자기주장이 약한 아이들은 주도적으로 행동하기보다 다른 아이들에게 끌려가기 때문이다. 마음속에선 자신의 바람대로 행동하고 싶은데, 선뜻 그러질 못한다. 그래서 늘 자기 자신에 대해 화가 나 있다.

나는 그동안 자기주장이 약한 아이들을 보면서 다른 문제들과 마찬가지로 이 아이들의 문제 역시 부모에게 원인이 있다는 것을 알 수 있었다. 평소 엄마나 아빠가 아이의 의견을 묻거나 아이에게 선택권을 주기보다 '지시'와 '명령'을 하며 양육했던 것이다.

그래서 아이는 자신도 모르게 항상 주눅 든 채 눈치를 살피게 된 것이다.

아이가 엄마에게 자신의 의사를 표현하려고 하면 "엄마한테 말대꾸하는 거야?" 하고 야단치는 엄마가 있다. 아이는 그저 자신의 의사를 밝히고 싶었을 뿐인데 엄마한테 대드는 버릇없는 아이가 되어버리는 것이다. 이런 일이 되풀이되면 아이는 엄마에게 말해봤자 그저 혼만 난다고 여기게 된다. 그러면서 비슷한 상황에 처하면 엄마의 눈치를 살피게 된다. 그러다 보니 아이는 점점 자기주장을 펼치지 못하는 소극적인 아이가 되는 것이다. 그런데 흥미로운 점은 그럴수록 엄마는 아이를 순하다고 생각한다는 것이다.

"우리 아이는 순해요. 한번 말하면 잘 알아들어요. 절대 말대꾸하는 법이 없어요."

주위에 이렇게 말하는 부모들이 있다. 이런 말을 하는 이유는 자녀에 대해 제대로 알지 못하기 때문이다. 그래서 아이가 주도적이지 못하고 눈치를 살피는 소극적인 아이가 되었음에도 불구하고 '내 아이는 순하다'고 착각하는 것이다.

그렇다면 내 아이가 눈치를 보지 않고 자기주장을 잘하는 아이로 키우려면 어떻게 해야 할까? 다음 세 가지를 기억해보자.

아마 그동안 자리 잡힌 성향이 있어서 결정권을 주어도 아이가 스스로 결정하기를 힘들어하거나 꺼릴 수도 있다.

"오늘은 우리 딸이 먹고 싶은 걸 말해봐. 엄마가 맛있게 만들어줄게."

"그냥 아무거나 해줘. 엄마 마음대로."

아이는 그동안 엄마가 시키는 대로 해왔기에 자신의 의사를 표현하는 데 서툴 수 있다. 따라서 다음과 같은 선택지를 제시해주면 아이는 보다 쉽게 자신의 의사를 표현할 수 있다.

"우리 딸이 좋아하는 계란말이? 아님 김치볶음밥? 어떤 걸 해줄까?"

이렇게 힌트를 줌으로써 아이가 좀 더 자기 생각을 말할 수 있도록 유도하는 것이다. 아이는 점점 쉽게 자신의 의사를 표현하게 된다.

둘째, 아이의 결정을 인정해준다

"김치볶음밥 먹을래."

아이가 골랐다. 그런데 생각해보니 어제저녁에도 김치볶음밥을 먹었다. 그래서 엄마는 이렇게 말한다.

"김치볶음밥은 어제 먹었네? 그럼 오늘은 계란말이 해줄게."

결국 또 엄마는 아이의 의사를 무시한다. 위와 같은 상황이라면 어제와는 조금 다른 김치볶음밥 요리를 해주면 된다. 절대 아이의 의사에 반하는 메뉴를 강요해선 안 된다. 아이의 입장에서 자신의 의사를 무시당했다는 생각이 들게 해선 안 된다는 말이다.

아이가 자기 생각을 밝혔다면 아이의 의사를 인정해주는 것이 바람직하다. 또한 자기주장을 표현하기까지의 과정에 대해 칭찬을 해주면 아이는 더욱 자신의 의사를 적극적으로 표현하기 위해 애쓰게 된다.

셋째, 친구들과 생각이 다르다고 틀린 것은 아니라는 것을 알게 한다

친구들과 놀다가 아이들끼리 다툼이 생길 수 있다. 예를 들어 게임을 하다가 "이게 맞아! 그건 아니야!"라며 다툴 수도 있다. 한 친구가 "오늘은 뭐 하고 놀까?" 하고 물었을 때 친구들이 하고 싶은 것과 자신이 하고 싶은 것이 다를 수도 있다. 하지만 그 다름이 틀린 것은 아니라는 것을 아이에게 설명해줘야 한다. 그래야 아이는 내 생각과 친구들의 생각이 다를 수 있다는 것을 깨닫게 된다. 그러면서 친구들의 의사를 존중해주는 법을 익히게 된다.

내 아이가 자기주장이 약한 소극적인 아이라면 아이에게 긍정적인 자아상을 심어줄 필요가 있다. 부모들 중에 형제 가운데 한 아이만 편애하거나, 한 아이만 자주 혼을 내고 야단치는 부모가 있다. 이 경우 상대적으로 소외된 아이는 불안하고 주눅이 들게 된다. 아이는 '나는 별 볼 일 없는 아이, 불행한 아이, 야단만 맞는 아이'라고 생각하게 되어 자존감이 낮아진다. 낮은 자존감은 아이를 눈치 보는 사람으로 자라게 한다.

내 아이를 자기주장이 강한 아이로 키우려면 먼저 아이의 기부터 살려줘야 한다. 그러기 위해선 너무 자주 야단을 치지 않으면서 아이가 잘한 부분에는 진심으로 칭찬을 해주는 것이 중요하다. 아이의 기를 살리는 데 있어 칭찬보다 효과적인 것은 없다. 부모로부터 자주 칭찬을 받는 아이는 자신감이 커지게 마련이다.

높은 자존감과 강한 자신감은 눈치 보는 아이가 아닌 당당한 아이, 자기주장이 확실한 아이로 자라게 한다는 것을 기억하자.

아이의 자율성을 확대하고 자기 결정력을 키워준다

엄마와 아이가 의견 충돌로 부딪치는 상황은 다양하게 있겠지만, 가장 흔하게 부딪치는 상황은 외출할 때 벌어진다. 바로 아이 옷을 외출복으로 갈아입힐 때다. 아이가 입고 싶은 옷과 엄마가 입히고 싶은 옷이 다른 것이다.

"오늘은 노란색 옷 입을래."

"안 돼. 엄마가 골라주는 옷으로 입어."

"오늘은 운동화 말고 구두 신고 싶어."

"운동화 신고 가. 많이 걸어야 되는데 편한 거 신어야지."

대부분의 엄마들은 아이가 원하는 대로가 아닌 엄마 자신이 원하는 대로 입히고 신긴다. 물론 엄마가 골라주는 대로 아이가 입고 신는다면 엄마는 편하다. 아이랑 실랑이를 하며 진땀을 빼지 않아도 되기 때문이다. 그래서 엄마들은 아이가 자신의 말을 잘 들으면 착한 아이라고 생각한다.

반대로 아이가 엄마가 원하는 대로 하지 않으면 말 안 듣는 까칠한 아이라고 여긴다. 그러면서 야단치고 화낸다. 자신의 말을 듣지 않는 아이를 원망하면서 말이다. 나는 갈수록 우리 아이들의 자율성이 줄어들면서 점점 더 아이가 자유롭게 선택할 수 있는 부분이 사라져가는 것에 안타까운 마음이 든다.

부모들은 아무 생각 없이 아이에게 "커서 뭐가 되고 싶어?"라고 묻는다. 그러면 아이들은 다양한 자신의 꿈을 말한다. 선생님, 작가, 운동선수, 비행기 조종사, 군인……. 그런데 아이의 대답을 듣던 부모는 아이의 장래 희망이 자신의 마음에 들지 않을 경우 강제로 다른 장래 희망을 가지게 한다. 나는 부모 자신이 과거에 이루지 못했던 꿈을 아이에게 강요하는 것을 종종 보아왔다. 아이는 자신의 미래에 대한 결정권마저도 박탈당하는 것이다.

사실은 아이의 대답에 따라서 내 아이만의 관심 분야를 파악할 수가 있다. 그리고 성격과 성향까지도 파악이 가능하다. 또한 '어떤 체험이 우리 아이에게 좋은지' 알고 도와줄 수 있다. 만약 아이가 아직 되고 싶은 게 없다고 대답한다면, "넌 의사가 될 거야"라고 미래를 예단하는 투의 말을 하기보다 아이의 손을 잡고 다양한 직업을 체험할 수 있는 체험장을 방문해보는 것이 바람직하다. 아이는 수많은 직업을 직접 체험해보며 자신이 어떤 일을 하고 싶은지 생각하게 된다. 즉, 꿈이 확장되는 것이다.

내 아이가 주도적인 인생을 살기를 바란다면 어릴 때부터 아이가 자유롭게 선택할 수 있도록 결정권을 줘야 한다. 그러기 위해선 엄마의 말투, 단어 선택에 신경을 써야 한다. 가급적 '지시형' 화법은 쓰지 않는 것이 좋다.

특히 아이가 선택할 수 있는 부분에 대해서는 엄마의 지시를 통해 아이의 선택권을 없애버리는 어리석음을 범해선 안 된다. 그러한 상황이 반복적으로 이루어지다 보면 내 아이는 앞에서 얘기한 착한 아이, 쉬운 아이로 자랄 가능성이 높다.

아이들 중에 엄마의 일방적인 결정에 따르는 것을 힘들어하거나 짜증 내는 아이들이 있다. 그렇다면 다음 두 가지를 기억해서 양육해야 한다.

첫째, 아이에게 결정권 주기
"이제부터는 우리 예은이가 하고 싶은 대로 엄마가 따라줄 거야."

지금까지 엄마의 결정으로 모든 것이 좌우되었다면 오늘부터는 아이가 원하는 대로 따라주는 것이다. 아이도 얼마 동안은 부담스러워하겠지만 시간이 지나면 스스로 판단하고 결정하는 것에 자연스러워진다. 아이에게 결정권을 부여해줄 때 그렇지 않은 아이들에 비해 훨씬 자존감이 높고 책임감 강한 아이로 자라게 된다.

이때 주의해야 할 점은 아이에게 며칠간 결정권의 폭을 넓혀주었다가 다시 박탈하면 안 된다는 것이다. 이럴 경우 아이에게 좌절감만 심어주게 된다. 꾸준히 아이가 결정할 수 있는 상황, 분위기를 만들어주어야 한다.

둘째, 아이의 말에 귀 기울이기

주위 누군가가 그랬다고 내 아이도 그렇게 양육할 필요는 없다. 예를 들어, 다른 여자아이들은 발레를 배우는데 내 아이는 축구를 하고 싶어 한다.

'여자아이인데 발레를 배워야지.'

세상에 당연한 것은 없다. 다른 아이들이 하는 것에 관심을 가지기보다 내 아이가 원하는 것에 초점을 맞추어야 한다. 아이의 생각을 존중해주고 말에 귀 기울여줄 때 내 아이는 누구보다 행복한 아이로 자라게 된다.

아이가 스스로 선택할 수 있는 자율성과 결정력은 앞으로 살아가는 데 있어 무엇보다 중요한 요소다. 그래서 지혜로운 엄마들은 아이가 어릴 때부터 아이의 자율성을 존중하고 결정력을 키워준다. 그러면 아이가 인생을 살아가면서 겪게 될 수많은 일을 스스로 충분히 생각한 후에 결정하는 힘을 가지게 된다. 그래서 자율성과 결정력이 높을수록 행복하고 성공하는 인생을 살아갈 가능성이 높다.

누군가가 지시한 대로 따르는 일을 편하게 생각하고 그렇게 살아가는 아이와, 자신이 고민하고 결정하고 자신의 뜻대로 하나하나 이루며 살아가는 아이 가운데 누가 더 주도적인 인생을 살아가게 될까? 말할 것도 없이 후자다. 많은 이들이 꿈도 없이 다람쥐 쳇바퀴 돌듯 하루하루를 사는 것은 자율성과 결정력이 부족하기 때문이다. 그래서 매번 타인의 눈치만 보면서 불행한 인생을 살아가게 되는 것이다.

행복하고 즐거운 감정 표현이 유독 많다

소리노리터에 다니는 아이들 중에 유독 씩씩하고 웃음이 많은 아이들이 있다. 처음 만난 순간에도 천진난만한 표정으로 얼굴에 웃음이 가득했던 기억이 난다. 몇 달 혹은 1년, 2년이 지나도 또래들에 비해서 유난히 즐겁고 행복해 보였다. 웃음이 많다 보니 똑같은 상황에서도 다른 친구들은 웃지 않는데 혼자서 까르륵 웃을 때가 많았다. 그룹 수업 중에는 항상 그런 아이들이 분위기 메이커처럼 팀을 이끌고 있다.

이런 아이들에게는 다음과 같은 특징이 있다.

첫째, 친구를 사귈 때 굉장히 적극적이다

처음 만나는 어른에게도 적극적으로 인사를 한다. 또래 친구들을 만나면 먼저 다가가고 말을 건넨다. 친구들과 함께 놀이하는 것에 굉장히 적극적이며 행복해한다. 그렇다 보니 또래친구들에 비해서 사회성이 발달된 아이들이 많다.

둘째, 새로운 환경에 대한 적응력이 빠르다

새로운 곳에 가는 것을 두려워하지 않는다. 오히려 호기심을 가지고 먼저 다가가는 경우가 많다. 또한 낯선 곳에 가서도 스스로 재미와 즐거움을 발견해내곤 한다. 그 순간 자체가 아이는 너무나 즐겁고 행복하기 때문이다.

셋째, 자기주장이 약하다

언뜻 생각하면 친구의 말을 잘 들어주어서 또래 관계가 원만하고 친구 사이에서 인기가 많을 수 있다. 그런데 자신의 의사보다는 친구들의 말에 따라가는 경우가 많다. 자신의 반대의견을 말해 볼 수도 있는데 조금 망설이는가 싶더니 곧 친구 따라서 결정을 내린다.

이런 친구들을 보고 있자면 의구심이 들 때가 있다. 사교적이고 활발하며 적극적인 모습을 갖고 있지만, 반면에 자신의 주장 없이 타인의 의견에 휩쓸려가는 듯한 모습도 보이기 때문이다. 이런 타입의 아이들은 전반적으로 "좋은 게 좋은 것"이라는 관계 중심적인 사고를 하고 있기 때문이다. 타인의 주장에 대립하여 논쟁하는 것 자체를 꺼리기 때문에 자신의 주장을 내세워 타인을 설득하려고 들지 않는다. 앞에서 설명한 사교적인 면과 빠른 적응력 역시 자신의 주관을 배제함으로서 환경에 자신을 적용하려는 경향을 드러내는 것이다.

자기주장이 약해서 친구들의 의견에 휩쓸려 따라갈 때 나는 이렇게 묻는다.

"아니, 네 생각을 말해 볼래? 다른 친구들하고 달라도 괜찮아. 틀린 건 아니니까."

이렇게 아이에게 자신의 의사를 말할 수 있게 도와주는 것이다. 이처럼 그때그때 의사를 표현할 수 있도록 방향제시를 해주면 리더십까지 향상된다.

나는 많은 아이들과 지내면서 유독 밝은 표정과 웃음이 떠나

지 않는 아이들을 보면서 그 아이들의 공통된 특징 4가지를 알
수 있었다.

　① 항상 밝고 웃음이 많다. → 타인에게 좋은 모습만을 보여주
려 한다.
　② 긍정적인 마인드가 내면에 있다. → 타인의 의사에 반하는
행위를 피한다.
　③ 사회성이 뛰어나다. → 항상 좋은 점만 공유하는 경향이
있다.
　④ 행복하고 즐거운 감정 표현이 많다. → 다른 부정적인 감정
을 회피하는 경향이 있다.

　이런 아이들은 수많은 장점을 가지고 있는 반면에 쉽게 포기
하거나 어려운 일이 닥쳤을 때 대처능력이 떨어지는 경우가 많
다. 마음이 여려 쉽게 상처도 많이 받고 그런 일이 반복 되다 보
면 아이는 점점 지치고 힘들어하게 된다.
　그렇다면 어려움에 대처할 수 있는 능력을 길러주기 위해 다
음 세 가지를 참고해보자.

첫째, 스스로 할 수 있는 환경을 만들어 주기
　아이가 힘들어 할 거 같아서 부모의 조바심에 아이가 스스로

할 수 있는 것들을 대신해주지 말자. 어린 시절 '신발 신기'조차 엄마의 답답함과 편안함에 신겨주고 말았던 기억이 있는가? 또한 아이가 스스로 밥을 다 먹을 때까지 기다리지 못하고 엄마가 아이에게 밥을 떠먹여 주기도 한다. 당장은 시원시원하게 느껴지겠지만 이런 것들이 아이가 스스로 해냄으로써 느낄 수 있는 성취감을 빼앗아 버린다. 그 결과 자신이 할 수 있는 일인데도 누군가 나서서 도와주지 않으면 불안해지고 두려워지게 된다. 따라서 무엇이든 아이가 스스로 할 수 있도록 아이 옆에서 격려해 주어야 한다.

금쪽같은 내 아이라고 해서 부모들은 아이가 원하는 것이면 무엇이든 다 해주고 싶어 한다. 좋은 옷, 좋은 신발 모든 것을 최고로 해주고 싶은 것이다. 하지만 무리하게 아이가 원하는 장난감 교구 등을 사주지 말자. 무언가를 계속적으로 쉽게 얻게 되면 아이는 성취감이 없어지며 감사하는 마음 또한 잃어버리게 된다.

가장 경계해야 할 것은 아이가 너무 쉽게 원하는 것을 얻게 되면 점점 더 쉬운 일만 하려고 한다는 것이다. 물론 어릴 때에는 부모님이라는 든든한 보호자가 있지만 아이가 성인이 되어서 거친 세상에서 혼자 헤쳐 나가야 할 때는 어떨까? 그야말로 눈앞이

캄캄해질 것이다. 지금 아이가 혼자서 할 수 있는 일과 부모가 도와줘야 할 일을 명확하게 구분 지어야 한다.

셋째, 잘못했을 땐 혼내기

아이가 잘못을 하고 혼나야 할 때가 있다. 그 때를 놓치게 되면 아이는 그 상황을 모르고 지나치게 된다. 당연히 혼나야 하는 상황이 아니었다고 인식하게 되는 것이다. 그러다 어쩌다 한번 혼내게 되면? 아이의 입장에서는 많이 당황하게 된다. 그 전에는 아무런 말도 안 하던 엄마가 왜 오늘은 야단치는 걸까? 이런 마음과 더불어 엄마에 대한 서운함과 반감이 생겨나게 된다.

모든 일은 처음이 중요한 것이다. 아이가 버릇없게 행동을 하거나 다른 친구에게 피해가 가는 행동을 한다면 엄마는 아는 즉시 아이를 바로 잡아 주어야 한다. 아울러 야단을 치거나 벌을 줄 때 명확한 이유와 합리적인 근거를 제시하여 자신이 잘못한 것에 대한 대가를 치르는 것이라는 것을 느끼게 해주어야 한다.

명확한 이유에서 자신이 잘못했음을 느끼게 하고, 합리적인 근거에서 엄마가 자신을 사랑한다는 것을 느끼게 하는 것이다. 아이를 아끼고 사랑할수록 훈육을 할 때는 더욱 따끔하게 사랑해 줄 수 있는 엄마가 되도록 하자.

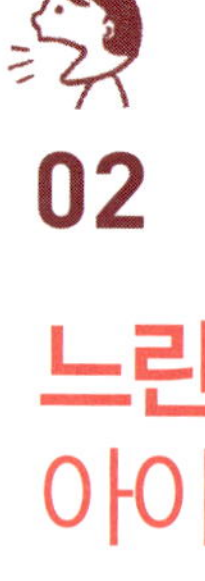

02

느린
아이

새로운 환경에 적응하는 데 시간이 걸린다

소리노리터에 와서 첫 수업에 참가한 아이의 엄마에게 나는 꼭 이 말을 한다.

"어머니, 우리 아이들이 새로운 곳에 와서 처음 보는 친구들과 또 저와 함께 즐거운 음악수업을 하기 이전에 새로운 환경에 적응하는 것이 더욱 중요해요. 오늘 무얼 배울지보다 중요한 것이 아이의 적응력입니다. 조바심 가지시면 안 됩니다. 한 달 정도는 저도 아이와 적응하는 데 좀 더 신경을 쓸 거예요."

어른이나 아이나 새로운 환경에 적응하기란 그리 간단한 일이 아니다. 일단 환경에 적응하기만 하면 그다음 단계는 쉬워지기 마련인데, 적응하는 일이 힘들어서 스트레스를 받는 사람들이 많다.

우리 아이들도 예외는 아니다. 새로운 친구들과 새로운 환경이 불편하기도 하고 어색하기도 하기 때문이다. 그래서 어떤 아이들은 일주일 동안 적응하기를 힘들어하다가 어느 날부턴가는 더 이상 모습을 보이지 않는다. 그런 아이들을 볼 때면 너무나 안타까운 마음이 든다.

새로운 것에 잘 적응하지 못하는 아이들은 어렵지 않게 볼 수 있다. 그런 아이를 둔 엄마는 그렇지 않은 엄마보다 몇 배의 힘이 들기 마련이다. 그렇다면 어떻게 해야 아이가 새로운 환경에 보다 쉽고 빨리 적응할 수 있을까?

매일 울고 떼쓰는 유준이가 있다.

"원장님, 요즘 유준이 때문에 속상해요. 대전에서 부산으로 이사하고 나서 적응할 무렵에 또다시 이곳으로 이사를 와서 그런지 매일 울고 떼쓰고 그러네요. 집도 환경도 모두 낯설어하는 것 같아요. 벌써 한 달이 다 되어가는데 아직도 이렇게 적응을 못 해서 어쩌나 싶어요."

유준이 엄마는 울고 떼쓰는 유준이 때문에 아침마다 전쟁이란다. 유준이처럼 낯설고 새로운 환경에 유난히 적응을 못 하고 힘들어하는 아이들이 있다. '아직도 적응을 못 하다니, 문제가 있나……’ 하는 생각이 절로 들 만큼 느린 아이들이 있다. 부모는 옆에서 지켜보기가 안쓰럽지만 당사자인 아이의 입장에선 너무나 힘들다. 하루하루를 잔뜩 긴장한 채 지내야 하기 때문에 스트레스가 이만저만이 아닌 것이다.

나는 이런 친구들을 보면서 새로운 환경에 보다 쉽게 적응할 수 있는 방법은 없을까, 하고 고민했다. 생각 끝에 두 가지 방법을 찾아냈는데, 현재 그 방법으로 소리노리연구소에서 낯선 환경에 적응하는 데 힘들어하는 아이들에게 도움을 주고 있다.

첫째, 아이가 익숙함을 느낄 수 있는 분위기나 환경을 조성해 아이의 정서를 편하게 만들어준다

아이가 특별히 좋아하는 곳이나 즐거운 추억이 있는 것에 초점을 맞추어보자. 아이가 편하게 느끼는 무언가 있다면 가까이 두면 도움이 된다. 적응을 못 해 우는 아이에게 소리를 지르거나 윽박지르는 건 절대 금물이다. 조금 느리게 적응하는 아이들 중에 소극적인 성향을 가진 아이들이 많다. 소극적인 아이들은 큰 소리로 훈계를 하거나 다그치면 더욱 위축되고 자존감이 낮아질 가능성이 크다는 것을 기억해야 한다.

둘째, 아이와 함께하는 시간을 늘린다

요즘 맞벌이를 하지 않아도 아이의 양육을 다른 사람에게 맡기는 엄마들이 많다. 이는 취학 전의 아이들에게 있어 정서적으로 바람직하지 않다. 아이는 부모, 특히 엄마와 함께 시간을 보낼 때 정서적으로 안정을 찾게 된다. 그런데 어려서부터 엄마가 아닌 다른 사람과 보내는 시간이 많으면 정서적으로 불안한 아이로 자랄 가망성이 크다.

부모 가운데 특히 엄마가 취학 전 아이와 함께 시간을 많이 보내도록 해야 한다. 어린 시절에 엄마와의 시간을 충분히 보내지 못한 아이들이 클수록 새로운 환경에 막연한 두려움을 가질 수 있다.

소리노리터에 다니는 민준이가 있다. 민준이가 유치원 적응을 잘 못 하고 있는지 민준이 엄마는 이렇게 토로한다.

"우리 집은 아침마다 난리예요. 전쟁터 같다니까요. 아이가 유치원 적응이 어려운지 매일 아침 유치원에 가기 싫다고 고집 부려요. 적극적인 성향이 강해서 별로 걱정을 하지 않았는데 저 혼자만의 생각이었나 봐요. 담임선생님과 상담도 했는데 또래 친구들보다 적응하는 데 시간이 더 걸린다고 말씀하시더라고요. 정말 걱정돼요. 앞으로 초등학교도 가야 하는데 그럴 때마다 적응을 못 하고 힘들어할까 봐요."

3월 초에 어린이집이나 유치원을 방문해보면 아이들의 울음소리가 끊이지 않는다. 아이들이 있는 곳에 웃음소리와 울음소리가 있는 것이 당연한 일이지만, 학기 초에 나는 아이들의 울음은 왠지 모르게 내 마음을 아프게 한다. 하지만 아이들의 울음은 낯선 환경에 적응하기 위한 하나의 과정으로 생각해야 한다.

어색한 환경에 울고, 처음 보는 친구, 선생님 얼굴에 또 한 번 울고. 그러다 하루, 이틀, 일주일 시간이 지나면 아이들은 자연스럽게 적응해가고 차츰 눈물이 줄어든다. 함께하는 또래들은 물론 환경에도 익숙해지기 때문이다.

대부분의 아이들은 낯선 환경, 새로운 환경에 적응하는 데 시간이 걸린다. 그런데 많은 엄마들이 유독 내 아이만 잘 적응하지 못한다며 안절부절못한다. 초조해하는 엄마를 보며 아이는 더욱더 위축되고 소심해져 점점 더 낯선 환경을 두려워하게 된다. 결과적으로 적응 속도를 늦추는 꼴이 되는 것이다.

절대로 엄마의 조급증 때문에 아이에 대해 지나친 걱정을 하거나 아이를 다그쳐선 안 된다. 그저 아이의 눈높이에서 이해하고 공감해주어야 한다. 사실 엄마 자신도 과거 유치원이나 초등학교에 갓 입학했을 때 낯선 환경에 긴장되고 불안했던 경험이 있을 것이다. 지금 내 아이도 과거 엄마 자신이 느꼈던 것들을 겪고 있다고 생각하면 된다. 그러면 내 아이를 이해할 수 있는 마음의 깊이가 조금 더 깊어질 것이다. 또한 조급한 마음보다는 아이를 이해하고 기다려 줄 수 있는 여유가 생긴다.

대부분의 아이들은 시간이 지나면서 자연스럽게 낯선 환경에 적응해간다. 그러나 만약에 아이가 한 달이 지나고 두 달이 지나가는데도 적응하기를 힘들어한다면 또 다른 시각에서 아이를 관찰해볼 필요가 있다.

내 아이가 모든 새로운 환경에 적응하기를 힘들어하는지, 아니면 유독 어떤 곳에서만 그러는지 짚어보자. 그러고 나서 대처 방안을 마련해주는 것이 바람직하다. 혹시 엄마가 모르는 어떤 '트라우마'가 생겼는지도 생각해보면 좋겠다. 또한 평소에 자연스럽게 새로운 환경에 자주 노출시켜주는 것도 도움이 될 수 있다.

나는 엄마들에게 아이가 자연스레 그 환경에 익숙해질 수 있도록 엄마부터 조급함과 불안함을 버려야 한다고 조언한다. 엄마가 정서적으로 편안할 때 그런 엄마의 모습을 통해 아이 역시 낯선 환경에 보다 빨리 적응하게 된다.

아이의 입장에서 세심하게 기다려준다

"빨리빨리 신발 신어. 어서! 엄마 먼저 나간다!"

윤진이는 무엇이든 꼼꼼하게 천천히 하는 편이다. 앙상블 시간에 악기를 고를 때도 충분히 고민한 뒤에 친구들 중 가장 나중에 고른다. 미술 수업 시간에도 그리기나 만들기를 하면 꼼꼼하고 섬세하게 색칠하고 만드는 모습을 자주 본다. 뿐만 아니라 윤진이는 생활 속의 사소한 일들 역시 느리긴 하지만 끝까지 해낸다. 느리다는 것도 어디까지나 우리 어른들의 속도에서다.

나는 느린 것이 윤진이의 장점으로 생각되었다. 조금 더 생각하고 행동하는 모습이 느리다는 이미지로 다가오진 않았다. 오히려 그런 윤진이를 신중한 아이라고 여겼다. 하지만 윤진이의 엄마는 그런 윤진이를 보며 행동이 굼뜨다며 많이 답답해하고 있었다.

"윤진이는 누굴 닮아서 그런지 뭘 하더라도 느려터졌어요. 밥 먹을 때도, 신발 신을 때도 너무 느려요."

흔히들 남의 자식에게는 관대하지만 내 자식에게는 어림도 없다는 말을 한다. 사랑하는 내 아이이기 때문에 더더욱 관대해질 필요가 있다. 하지만 불행하게도 많은 부모가 남의 자식에게는 관대하더라도 내 아이는 가혹하리만치 내몬다.

내 말에 여러분 중에 '나는 안 그러는데? 충분히 기다려주는데?'라고 생각하는 엄마도 있을 것이다. 과연 그럴까? 오늘 하루만 되돌아보아도 그렇지 않다는 것을 알 수 있다.

"학원 늦겠다. 빨리 밥 먹어."

"얼른 씻고 자야지."

"빨리 옷 입어. 늦었어."

아이에게는 아이만의 속도가 있다. 아이마다 그 속도가 빠를 수도, 느릴 수도 있다. 그런데 많은 엄마들이 아이의 속도는 생각지도 않은 채 자기 속도에 아이의 속도를 맞추려고 한다. 이때부터 아이와 엄마의 스트레스가 시작되는 것이다. 아이의 속도를 무시하고 재촉하는 것은 아이의 발달에 전혀 도움이 되지 않는다.

이 글을 읽는 엄마들만이라도 지금 이 순간부터는 엄마 자신의 속도가 아니라 아이의 속도에 맞추도록 노력해보자. 물론 처음에는 답답할 것이다. 그렇더라도 내 아이를 위해 꾹 참아보자. 자주 '얘는 왜 이렇게 꾸물거릴까?'와 같은 답답한 마음이 고개를 들 것이다. 그땐 마음속으로 숫자를 열까지만 천천히 세어보는 것이다. 엄마가 묵묵히 기다려줄 때 아이는 혼자서 해내는 힘을 기르게 된다. 혼자 해내는 힘은 나아가 학교생활에서도 주도적인 생활을 할 수 있는 밑바탕이 되어준다.

아이가 혼자서 신발을 신는 것이 느려 답답해진 엄마가 "엄마가 해줄게" 하며 아이의 신발을 신겨주려고 할 때 "아앙! 내가 할 거야" 하고 울음을 터뜨리는 아이가 있다. 이때 아이에게 "엄마가 해준다는데 왜 울어?"라고 다그쳐선 안 된다. 이럴 땐 '어머, 스스로 하고 싶은 욕구를 표출하네? 내가 조금 더 기다려줘야겠구나'라고 생각해야 한다. 아이의 입장에선 혼자서 충분히 할 수 있는 일인데 엄마가 대신 해주려 하니까 짜증이 나고 속상한 것이다. 그래서 나는 엄마들에게 아이가 충분히 혼자 할 수 있음에도 불구하고 대신 해주려고 한 것에 대해 사과해야 한다고 말한다. 엄마가 대신 해주려고 한 것은 엄마가 아이의 마음을 몰라서 생긴 일이기 때문이다.

충분히 혼자서 신발을 신을 수 있는데도 엄마가 신발을 신겨줄 때 덤덤하게 가만히 있는 아이가 있다. 엄마가 대신 해주는 것이 싫어도 싫다는 표현을 못 하고 엄마가 하는 대로 따르는 것이다. 소심한 성격을 가진 아이일 확률이 높다. 이 경우 사실 아이가 처음부터 소심한 게 아니라 사소한 일까지 부모가 대신 해줌으로써 아이가 부모에게 의존하는 소심쟁이 성격이 되었을 확률이 높다. 이런 아이에게는 혼자서 성취하는 기쁨을 알게 해줘야 한다.

느린 아이는 그렇지 않은 아이들에 비해 엄마가 더욱 적극적으로 나서야 한다.

"우리 윤진이는 혼자서 신발 신을 수 있는데. 그렇지? 오늘도 멋지게 신어볼까? 엄마가 윤진이 기다려줄게."

아이에게 든든함을 선물해주자. 그러기 위해선 아이의 속도에 엄마가 세심하게 맞추어야 한다. 아이를 믿고 묵묵하게 기다려줄 수 있어야 한다는 말이다.

소리노리터에 오는 친구들은 그룹으로 음악 수업을 한다. 네다섯 명의 친구들이 모여 함께 놀이 피아노 수업을 진행하는데, 여러 팀 중에서 유난히 걱정이 많은 가인이 엄마가 있었다.

하루는 가인이 엄마가 심각하게 상담을 요청해 왔다.

“원장님, 우리 가인이 많이 느리죠? 가인이가 다른 친구들을 못 따라가지 않나요? 빨리빨리 잘 치게 하고 싶은데 못 따라가는 것 같아요. 우리 가인이가 음악이 적성에 안 맞나요? 더 자주 오는 건 어떨까요?”

가인이는 시작한 지 두 달밖에 되지 않은 아이였다. 그런데 벌써 엄마는 조바심이 들기 시작한 것이다. 가인이 엄마처럼 더 자주 와서 수업을 받으면 안 되냐고 묻는 엄마들이 종종 있다. 수강료를 두 배로 주겠다고 말하는 엄마들도 있다. 그럴 때마다 나는 이렇게 말한다.

“어머니, 지금처럼 가인이가 일주일에 한 번 와서 즐겁고 만족스럽게 음악을 즐기다 가는 게 효과적입니다. 아무리 맛있는 음식도 연달아 먹으면 질리듯이 수업도 마찬가지입니다. 가인이를 믿고 기다려주세요. 지금 가인이 나이에 음악을 잘할 필요는 없어요. 그저 마음으로 즐기고 느끼는 아이로 키우는 것이 더 행복한 아이로 자라게 합니다. 예술을 학습으로 배우게 하는 우를 범하지 말았으면 해요.”

놀이 피아노 수업에 아이를 보내면서 피아노 실력에만 중점을 두는 엄마들이 많다. 수업을 하다 보면 아이들의 장점이 보인다. 누구는 청음이 뛰어나고, 누구는 리듬감이 뛰어나다. 음감이 뛰어난 아이도 있고, 악보를 잘 읽고 이론을 잘 이해하는 아이도 있으며, 피아노 치는 것에 흥미를 느끼는 아이도 있다. 그러한 장

점들을 잘 파악해서 장점은 더욱 키워주고 부족한 부분은 보완할
수 있도록 도와주어야 한다.

처음 상담할 때 엄마들은 하나같이 이렇게 말한다.

"우리 아이가 커서 취미로 악기 하나 정도는 했으면 해서요."

"음악을 즐기는 아이로 키우고 싶어요."

그러나 처음 생각과 달리 대부분의 엄마들은 아이를 막상 가
르치기 시작하면 욕심에 불이 붙는다. 다른 아이들보다 더 잘 가
르치고 싶고, 이왕 시작한 것 최고로 만들고 싶은 욕심이 생겨난
다. 이런 부모의 욕심에 아이들은 그나마 가지고 있던 음악에 대
한 흥미마저 잃게 된다.

아이가 띄엄띄엄 피아노를 치더라도 엄마는 그 느린 템포의 곡
을 들으며 즐겁게 기다려줘야 한다. 템포가 언제나 빠를 수만은
없지 않은가. 내 아이가 다른 아이들에 비해 느리다고 생각되는
가? 엄마의 페이스가 아니라 아이의 입장에서 세심하게 기다려
줘야 한다는 것을 기억하자. 그럴 때 아이는 자신만의 페이스를
찾아 나아가게 된다.

자기 감정을 표현하는 데 시간이 걸린다

"윤정아, 이모가 예쁜 원피스 사주셨네. 어때? 예쁘지? 마음

에 들어? 말 좀 해봐. 왜 항상 입을 꾹 다물고 있어!"

올해 여덟 살이 된 윤정이는 감정 표현에 서툴다. 얼굴은 항상 웃고 있지만 말과 행동으로는 좀처럼 기분을 나타내지 않는다. 그런 윤정이를 엄마는 늘 못마땅하게 여겼다.

한번은 윤정이에게 슬픈 일이 생겼는데 윤정이는 역시나 아무런 감정 표현이 없었다. 나는 윤정이에게 이렇게 말해주었다.

"슬프면 울어도 돼. 슬프면 우는 거야. 꾹 참지 말고 눈물이 나면 울어."

윤정이 엄마는 윤정이가 기분이 좋거나 화가 나거나 슬플 때에도 아무런 표현이 없어서 늘 속이 상한다고 말했다. 특히 하루 이틀 지난 후에야 그때의 감정을 표현하기 시작한다는 것이다. 윤정이 엄마는 "그 자리에서 말하고 표현하면 좋을 텐데 꼭 며칠 지나서 말하니 더 화가 나요"라며 답답한 심정을 토로했다.

아이들 중에 유난히 감정 표현을 잘하는 아이가 있고, 반대로 감정 표현을 힘들어하는 아이도 있다. 그런데 여기서 간과해선 안 될 것이 있다. 아이가 감정 표현을 꼭 말로써 할 필요는 없다는 것이다. 나이가 어릴수록 더욱 다양한 방법으로 감정 표현을 할 수 있게 엄마는 길을 열어주어야 한다.

언어적 표현이 발달한 아이들이야 물론 언어로 표현하기가 쉽다. 하지만 아이들에 따라 시각적 표현이 발달한 아이도 있고, 행동적 표현이 발달한 아이도 있다. 따라서 다방면으로 표현의 방법을 열어놓고 아이를 지켜보면서 적절한 피드백을 주는 것이 바람직하다.

예를 들어서 아이가 유독 그림 그리는 것에 즐거움을 느끼고 좋아한다면, 이 아이에게는 말보다 그림으로 감정을 표현하도록 도와주는 것이 도움이 된다. 또한 아이가 악기 연주에 흥미를 느낀다면 음악으로 감정을 표현할 수 있도록 이끌어주는 것이다.

무엇이든 그림으로 표현하는 여섯 살 채연이 엄마의 말이다.

"우리 채연이는 틈만 나면 그림을 그려요. 유치원에서 친구와 다툰 날도 집에 오면 그림을 그리고 소풍 다녀온 날도 그림을 그려요. 늘 그림만 그리지 종알종알 이야기를 하지 않으니까 담임 선생님과 자주 통화를 하게 돼요. 그러지 않으면 오늘은 어떤 일이 있었는지 도무지 모르거든요. 어쩜 좋지요?"

나는 이렇게 조언했다.

"오늘부터 채연이가 그리는 그림을 유심히 관찰해보세요. 그림 채연이가 어떤 말이 하고 싶은지, 어떤 감정인지 보이실 거예요. 채연이가 그림으로 자신의 감정을 표현하고 있다고 생각하면 채연이의 감정을 이해하는 데 도움이 되실 겁니다."

내 말에 채연이 엄마는 화들짝 놀랐다. 그도 그럴 것이 채연이가 그림을 통해 자신의 감정을 표현하고 있었다는 것을 엄마는 여태 모르고 있었던 것이다. 채연이가 그림을 자주 그리는 것이

단지 그림을 좋아해서라고만 생각을 해왔다는 것이다. 채연이가 감정 표현을 잘 못 한다고 속상해하고 고민하기만 했지, 채연이가 그린 그림을 유심히 보며 채연이의 마음을 알아준 적은 여지껏 한 번도 없었다며 채연이 엄마는 당황스러워했다.

몇 달 후 채연이 엄마로부터 반가운 전화를 받았다. 채연이의 그림을 보며 아이의 마음을 먼저 읽어주고 공감해주게 되었다는 것이다. 엄마가 그렇게 채연이의 마음을 알아주니 요즘 채연이는 감정 표현을 그림으로뿐만 아니라 말과 행동으로도 잘하게 되었다고 한다.

피아노 연주로 감정을 표현하는 슬아가 있다.

어느 날 학교에서 돌아온 슬아의 표정이 밝지 못했다. 슬아는 집에 오자마자 피아노에 앉더니 계속해서 마이너 곡만을 연주했다.

"슬아, 오늘 슬픈 일 있었구나?"

"오늘은 학교에서 기분이 안 좋았어요."

슬아는 항상 피아노 연주로 자신의 감정을 들려준다. 그런 다음 마음이 좀 풀리거나 진정이 되면 짧게 어떤 일이 있었는지 이야기한다. 하지만 6개월 전 슬아의 모습은 달랐다. 거듭 질문을 해도 대답을 하지 않았다. 그렇다고 지금처럼 자신의 감정을 피아노 연주로 대신하지도 않았다. 말 그대로 꿀 먹은 벙어리였다. 그런 슬아를 지켜보는 부모님의 가슴은 답답하다 못해 화가 날

지경이었다.

나는 먼저 슬아에게 감정을 표현하는 방법을 일러주기로 했다. 그러기 위해선 먼저 슬아가 특별히 좋아하고 잘하는 것이 무엇인지 알 필요가 있었다. 그래야 아이가 감정 표현을 어떻게든 할 수 있도록 방향을 제시해줄 수 있기 때문이다.

부모들 가운데 아이가 감정 표현을 잘 하지 않는 것을 보며 답답한 나머지 닦달하는 부모가 있다.

"말 좀 해봐. 말을 해야 엄마가 알 것 아니야!"

그러나 이처럼 아이에게 짜증스런 말투로 윽박지르는 것은 오히려 아이의 마음을 닫게 만든다. 사실 감정 표현에 서툰 아이 자신이 누구보다도 답답할 것이다. 따라서 아이에게 이렇게 말하는 연습을 해야 한다.

"우리 딸 마음 엄마도 알 것 같아. 표현하기 어려우면 천천히 해도 돼. 엄마가 멋진 방법 하나 알려줄까? 우리 딸 피아노 연주하는 거 좋아하지? 앞으로는 피아노로 기분이 어떤지 엄마에게 말해주지 않을래?"

슬아 엄마는 늘 아무런 표현을 하지 않아 답답했던 슬아가 언젠가부터 조금씩 악기로 자신의 감정을 표현하기 시작했다고 했다.

한번은 슬아가 학교에 다녀온 후 경쾌한 곡으로 피아노를 연주해서 슬픈 곡으로 마치는 것이 아닌가. 그날 학교에서 무슨 일이 있었는지 피아노로 자신이 느낀 감정을 표현한 듯했다. 하지만 연주가 끝난 후 엄마가 아무리 물어봐도 슬아는 그날 무슨 일이 있었는지 설명해주지 않았다고 한다. 나는 슬아 엄마에게 이미 슬아는 악기로 자신의 감정을 표현했으니 자꾸 물어보지 말 것을 당부했다. 그럴 경우 슬아도 엄마도 모두 스트레스를 받게 된다. 대신 아이의 마음을 보듬어주는 말, 아이의 마음을 이해하는 말을 함으로써 아이의 마음을 조금씩 열어가라고 조언했다.

아이가 마음을 닫고 있으면 감정 표현이 더욱 어려워진다. 아이의 닫힌 마음을 열어주는 것이 부모가 할 일이다. 생각해보라. 마음이 활짝 열린 사람은 감정 표현을 잘한다. '기분 좋다', '행복하다', '즐겁다', '신 난다', '맛있다' 등의 긍정적인 표현도 잘하지만, 더불어 '힘들다', '짜증 난다', '슬프다', '기분 나쁘다' 등의 부정적인 감정 표현도 잘한다. 자신의 감정을 느낀 그대로 솔직하게 표현하는 것이다.

우리 아이가 감정 표현이 느리다고 해서 잘못된 것은 아니다. 아이마다 기질과 성향이 다르고, 발달 속도도 다르다. 그러므로 내 아이의 성장 속도에 맞춰 표현 방법을 제시해주는 것이 좋다. 감정 표현에 서툰 아이를 이해하고 공감해주어야지 다그치거나 윽박질러선 안 된다. 부모가 아무리 답답해도 당사자인 아이만큼 답답하지는 않다는 것을 기억하자.

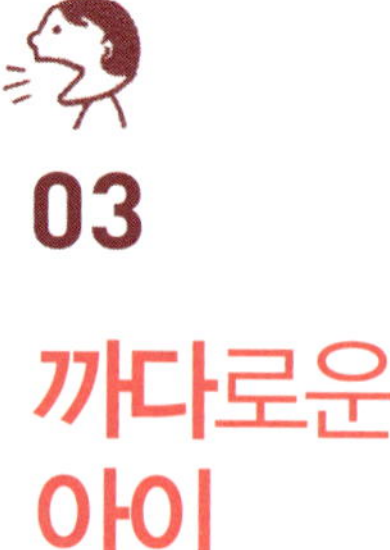

03

까다로운
아이

세상과 타협하는 법을 가르친다

세상을 살아가면서 타협해야 할 일이 참으로 많다. 성인들은 직장 동료와의 타협, 상사와의 타협, 거래처와의 타협, 배우자와의 타협 등을 잘해야 하겠고, 학생들은 친구들과의 타협을 잘해야 따돌림당하지 않으면서 자신이 바라는 것을 얻어낼 수 있다. 부모와 자녀 사이에서도 타협이 잘 이루어지면 시끄러운 다툼이 잘 일어나지 않는다.

타협은 내 고집만 부리는 것이 아니라 나의 의견을 정확히 전달하되 서로 다른 의견을 부분적으로 양보하며 조율해나가는 것을 뜻한다. 인생을 살아감에 있어 타협의 능력은 너무나 중요하다.

어린 시절 부모가 아이에게 타협의 기술을 잘 가르쳐준다면 아이가 훗날 사회생활을 할 때 큰 힘이 될 수 있다. 특히 요즘은 외동인 아이들이 많다. 타협하기보다 자신의 고집을 쉽게 꺾지 않는 아이들을 많이 보게 된다. 외동으로 자라다 보면 부모의 모든 사랑을 아이가 온전히 받으며 자라게 되기 때문에 마음에 드는 것을 별 어려움이 없이 가질 수 있는 환경에 자주 노출되기도 한다.

반면 형제자매가 많으면 서로 협의할 일도 자주 생기게 되어 자연스레 타협의 방법과 기술을 터득할 수 있다. 하지만 혼자 자라는 아이는 나와 상대가 모두 만족할 수 있는 타협점을 이끌어 낼 기회를 가지기 어렵다.

그러나 형제자매가 많다고 해서 꼭 타협의 기술이 좋은 것은 아니다. 아이의 성향에 따라서 타협의 방법을 잘 터득하는 아이와 그렇지 못한 아이가 있다.

"내 마음대로만 할 거야!"

여섯 살 난 예나가 있다. 예나는 주로 집에서 혼자 놀고 크는 외동아이다. 항상 하고 싶은 대로 모든 걸 다 해왔기 때문에 또래 친구들과의 집단생활에서 어려움이 많았다. 친구들과 함께 놀이를 할 때도 혼자서 원하는 걸 독차지하고 싶어 해 다툼이 잦았다.

"우리 엄마 놀이 하자! 누가 엄마 할래?"

"내가 엄마 할 거야!"

"그래, 예나가 엄마 하고, 아빠는 누가 할래?"

"내가 엄마도 하고 아빠도 할래!"

"예나는 엄마 하기로 했으니까 엄마만 해."

"싫어! 나 아빠도 할 거야. 엄마랑 아빠랑 둘 다 내가 할 거야!"

친구들이 방법을 제시해주어도 막무가내다. 자신이 하고 싶은 것은 무조건 해야만 직성이 풀리는 것이다. 지금 예나에게 타협하는 방법을 가르쳐주지 않으면 조금 더 커서 학교생활을 하게 되었을 때 예나는 많은 어려움에 봉착하게 될 것이다.

그렇다면 예나처럼 친구들에게 조금도 양보하지 않으려는 아이에게 어떻게 하면 모두가 만족할 수 있는 타협 방법을 가르쳐 줄 수 있을까?

다음 두 가지만 기억하면 된다.

첫째, 아이와 물물교환 장터 놀이 하기

아이와 함께 집에서 물물교환 놀이를 해보는 것이다. 아이가 가진 물건과 엄마가 가진 물건을 서로 교환하려면 타협을 해야 한다. 시장 놀이를 통해서 아이는 타협의 기술을 자연스레 익힐 수 있다. 그러다 어느 정도 아이가 타협에 익숙해지면 친구들을 초대해서 물물교환 장터를 여는 것도 좋은 방법이다. 친구들과 장터 놀이를 하면서 엄마와 함께할 때보다 폭넓은 타협의 기술을 터득할 수 있다.

아이가 잠들기 전에 책을 읽어주는 부모들이 많다. 아이가 책을 좋아해 책을 읽어주는 데 많은 시간을 할애하는 엄마들도 자주 만나본다. 그러나 책을 읽어준 후 아이와 함께 토론하는 엄마는 보기 드물다. 대부분 읽어주기까지가 끝이다.

아이와 책 내용에 대해 이야기를 나누고 토론해보는 것은 다방면에 큰 도움이 된다. 토론을 하면 아이는 생각이라는 것을 하게 되기 때문이다. 스스로 책 속의 주인공이 되어 주인공의 감정에 공감하기도 하고, 책의 내용에 따라 교훈을 얻기도 한다.

토론하는 걸 아이가 어려워한다면 역할극을 통해 엄마와 아이가 서로 동화 속 인물이 되어보는 것도 좋다. 각자 동화 속 인물이 되어서 연극 놀이를 하다 보면 타협하는 방법을 자연스레 체득하게 된다.

나는 예나 어머니에게 위의 방법을 알려주었다. 그리고 얼마 후 예나 어머니로부터 예나가 친구들과 놀 때 모든 것을 독차지하지 않고 함께할 줄 알게 되었다는 소식을 전해 들었다.

“원장님, 우리 예나가 많이 변했어요. 이제는 혼자서 고집 피우기보다 엄마인 저하고 타협을 하려고 해요. 깜짝 놀랐어요. 얼마나 기쁜지 몰라요. 글쎄, 며칠 전에는 ‘내가 좋아하는 장난감 딱 한 개만 고를게, 엄마. 대신 다음번 생일에는 장난감이랑 다른 선물도 하나 더 사주면 안 돼?’ 하면서 애교를 부리지 뭐예요. 요즘 예나가 더욱 사랑스러워요.”

이렇게 아이가 어릴 때 부모가 아이를 좋은 방향으로 안내하기 위해서는 객관적인 관찰이 필요하다. 여기서 중요한 점은 아이의 시선, 아이의 수준에서 부모가 도와주어야 한다는 것이다.

특히 인성 부분은 아이가 어느 정도 성장하고 난 후에는 가르쳐주고 고쳐주기에는 늦을 수 있다. 일곱 살 이전에 80% 이상의 인성이 이루어진다는 통계가 있듯이 아직 모든 것이 고착화되지 않은 지금 내 아이에게 상대방과 타협하는 법을 가르쳐보자. 지금 아이에게 가르치는 타협법이 훗날 세상을 살아가는 데 있어 많은 힘이 될 것이다.

아이의 요구와 바람을 먼저 인정해준다

혜원이는 올해 다섯 살이다. 혜원이 아빠는 자영업을 하고 있어서 오전에 여유롭게 출근하고 저녁에 조금 늦게 퇴근하는 편이다. 그런데 혜원이는 아침에 유치원에 갈 때마다 아빠와 헤어지는 것이 싫다며 울고불고 난리가 아니다.

"아빠와 헤어지지 않으려는 혜원이 때문에 출근 시간마다 전쟁이에요."

혜원이네 가족은 평소에 종종 가족 여행을 다니는가 하면 아빠가 혜원이와 함께 시간을 보내주기 위해 이른 퇴근도 꽤 자주 한다. 그래도 혜원이는 부족한지 아침에 유독 아빠와 떨어지기 싫어 한다는 것이다.

유치원 차가 아파트 정문에서 기다리고 있을 생각에 엄마는 마음이 조급해져서 혜원이를 아빠에게서 억지로 떼어내 둘러업고 유치원에 보내기 일쑤다. 요즘은 이런 일이 자주 반복되다 보니 아빠가 잠을 줄이고 혜원이보다 먼저 출근을 하는 사태까지 일어났다고 한다.

"울지 말고 빨리 가! 유치원 다녀오면 아빠 만날 수 있어!"

혜원이 엄마는 속상해도 늘 그렇게 해서 아이를 보낼 수밖에 없다고 토로했다. 혜원이가 아빠와 떨어지기 싫어하는 원인을 파악하기 위해 혜원이 엄마와의 상담을 진행했다.

"어머니가 혜원이라면 왜 아침마다 울고불고 그럴 거 같아요?"

"그야 아빠하고 떨어지기 싫고 같이 시간을 보내고 싶어서 그러겠죠."

“어머니가 혜원이라면 엄마가 어떻게 해주면 마음이 풀릴 것 같으세요?”

“그야 만족할 때까지 아빠와 함께 시간을 가지게 해주면 되겠죠.”

이미 혜원이 엄마는 답을 알고 있었다. 하지만 한 번도 아이의 입장에서 생각해보지 않았던 것이다. 아이의 입장에서 생각해보면 아이의 마음을 더 깊이 이해할 수 있고 앞으로 어떻게 하면 좋을지 해답도 쉽게 나온다.

그 해답은 바로 ‘혜원이의 마음을 인정하고 이해해주는 것’이다. 나는 혜원이 엄마에게 말했다.

“어머니, 이미 답을 다 알고 계시네요. 내일부터 당장 혜원이에게 어떻게 해야 할지 판단이 서시죠? 혜원이도 마음이 풀리면 아침마다 반복적으로 그러진 않을 거예요.”

다음 날도 혜원이네는 여느 때와 똑같은 상황을 맞이했다고 했다. 하지만 엄마의 태도는 전날과 달라졌다. 혜원이 엄마는 혜원이에게 이렇게 말했다고 한다.

“오늘은 우리 혜원이가 그토록 원했던 거 엄마가 하게 해줄게. 오늘 하루 아빠랑 실컷 놀아!”

이후 혜원이는 확실히 예전보다 아침 시간에 아빠와 함께 있고 싶다고 떼쓰는 일이 줄었다. 혜원이 엄마는 혜원이가 한 번씩 예전처럼 완강하게 떼를 쓰더라도 야단치거나 화내지 않는다. 혜원이의 입장에서 마음을 이해하는가 하면 혜원이의 바람을 먼저 인정해주고 들어주기 위해 노력하고 있다.

"오늘은 한 시간만 아빠와 시간을 보내고 엄마가 유치원에 데려다 줄게. 어때?"

"응. 좋아!"

아이가 무언가를 요구할 때 대부분의 부모들은 아이의 요구를 무조건 묵살한다. 반복적으로 아이의 요구를 수용해주지 않으면 어느 순간부터 아이도 부모에게 요구를 하지 않게 된다. 즉, 포기하는 것이다. 아이의 내면에 '어차피 안 돼'라는 생각이 자리 잡는 이때부터 아이의 마음 또한 닫힌다.

'엄마(아빠)는 무조건 반대만 해' 이런 생각이 아이가 어떤 일을 하든지 함께 따라다니게 된다. 그러다 보면 학교 폭력이나 왕따와 같은 큰 시련을 겪을 때도 부모에게 도움을 요청하지 못한다. 부모가 자신을 이해하고 도와주기보다 오히려 무시하며 야단칠 것이라고 지레짐작하기 때문이다. 그 결과 불행한 학창 시절을 보내게 되고, 나아가 불행한 인생을 살아가게 될 확률이 높다.

나에게 어린 시절을 유난히 까다롭게 보낸 조카가 있다. 준현이는 이제 3학년이 되었지만 가족 모임이 있을 때마다 우리는 어린 시절 준현이의 이야기를 하곤 한다.

"준현이 어릴 때 키우기 진짜 까다로웠는데……. 지금 보면 어릴 때랑 완전 다른 아이 같지 않아?”

“지금도 준현이 어렸을 적 시계 사건이 생각나. 언니가 지나가는 말로 시계 사준다고 약속했는데 약속 안 지켰다고 삐쳐서는 저녁도 안 먹고 고집을 피웠잖아.”

“생각해보면 그때 형부가 준현이를 야단치지 않고 준현이의 마음을 이해해주었던 것이 정말 잘했다는 생각이 들어. 바쁜데도 준현이에게 시계 사주기로 한 약속을 지켰잖아.”

“그때 아이가 무언가를 요구할 때 제대로 들어보지도 않고 혼내기보다 아이의 입장에서 생각해보고 그 바람을 먼저 인정해줘야 한다는 것을 배웠어.”

지금의 준현이는 무작정 투정 부리거나 고집 피우지 않는다. 대신 자신의 생각을 정확히 말하고 엄마나 아빠와도 토론식 대화로 문제점을 풀어나간다.

“준현이가 엄마 아빠는 어른인데, 어른이 자신의 말을 들어주고 자신의 생각을 인정해주는 것이 너무 기쁘다고 말하더라.”

하지만 불행히도 대부분의 부모들은 어른의 관점에서 짜증내고 아이를 다그친다.

“무슨 말도 안 되는 소리를 하고 있어!”

“너는 생각이 왜 그 모양이야? 언제 철이 들려는지⋯⋯.”

어릴 때부터 아이의 말을 경청해주고 아이를 있는 그대로 인정해주는 것이 아이에게는 큰 힘이 된다. 내 아이가 귀찮고 까다

롭게 요구하더라도 아이의 생각과 마음을 읽어주는 지혜로운 부
모가 되자.

마지막 선택은 아이가 하게 한다

"엄마가 골라줄게."
"엄마가 하라는 대로 해."
"그냥 이걸로 해."
많은 엄마들이 아이가 고민해서 선택하기 전에 나서서 선택하
고 결정해주곤 한다. 그런데 한 사람의 미래가 사소한 선택과 결
정에서 비롯된다는 것을 생각하면 엄청난 잘못을 저지르고 있는
셈이다. 엄마는 아이의 인생을 선택해주는 사람이 아닌, 아이가
좀 더 나은 선택과 결정을 할 수 있도록 도와주는 조력자에 불과
하다는 것을 기억해야 한다.
며칠 전 빵집에 들러서 빵을 고르고 있었다. 그때 손님으로 온
아이와 엄마의 대화가 인상적이었다.
"먹고 싶은 빵 골라봐."
"음…… 어제 먹은 초코 빵이랑 치즈 빵이랑 카스텔라랑……."
"그냥 카스텔라 먹어."
엄마는 아이에게 먹고 싶은 빵을 고르라고 말해놓고선 결국은

자신이 골라주고 있었다. 아이는 그런 상황이 익숙한 듯 카스텔라를 집었다.

아이가 선택을 어려워하거나 곤란해할 때 엄마가 도와주는 것은 괜찮다. 하지만 어떤 일이 있어도 아이 대신 엄마가 선택하거나 결정해주는 우를 범해선 안 된다.

아이가 마지막 선택을 할 수 있도록 하게 두면 아이는 자신이 한 결정이므로 자연스레 '책임감'에 대해서도 배우게 된다. '내가 결정했으니 다른 사람을 탓할 수도 없다', '책임감을 가지고 더 열심히 해야 한다'라고 생각하게 된다. 훗날 내 아이가 세상에서 홀로서기를 잘할 수 있도록 도와주고 싶다면 마지막 선택은 아이 스스로 하게끔 해야 한다. 그래야 자신이 원하는 대로 인생을 만들어가는 창조적인 아이로 자라게 된다.

정은이는 어릴 때부터 모든 결정을 자신이 했다. 정은이의 부모님은 사소한 선택을 해야 할 때도 정은이가 결정할 수 있도록 기다려주었다. 물론 그런 상황들이 답답할 때도 있었고, 또한 정은이가 결정을 잘못 내릴 때도 있었다. 하지만 그럴 때마다 넉넉한 마음으로 참고 기다려주었다.

정은이에게 사춘기가 오고 진로를 결정해야 하는 순간이 왔다.

"엄마, 아빠, 저 요즘 너무 머리가 아파요. 음악을 계속해야 할지 공부를 해야 할지 모르겠어요. 인문계를 갈까요, 예고를 갈까요?"

“정은아, 어떤 것을 선택하든 엄마 아빠는 정은이 편이야. 그러니 정은이가 정말 좋아하고 하고 싶은 것이 무엇인지 곰곰이 잘 생각해보고 결정해. 엄마 아빠가 대신 나서서 정은이의 미래를 결정해줄 수는 없단다. 네 인생의 주인공은 너니까 신중하게 생각해서 결정해.”

“다른 친구들은 다 엄마 아빠가 정해주는데…….”

정은이는 엄마 아빠가 너무 야속했다고 한다. 다른 친구들은 부모님이 “공부해”, “넌 예고에 가야 해”라며 대신 결정을 해주었는데 자신의 부모님은 딸을 위해 결정은커녕 모든 것을 알아서 하라고 하니 그만큼 불안하고 두려웠던 것이다.

며칠을 고민한 끝에 정은이는 음악을 계속하기로 결정했다. 사소한 문제가 아니고 미래가 걸린 만큼 정은이는 자신의 결정에 책임을 져야 했다. 그래서 더욱 열심히 음악 공부를 해나갈 수밖에 없었다고 한다. 지금은 자신의 선택과 결정에 만족한다는 이야기를 자주 한다.

“원장님, 처음에는 부모님이 저에게 모든 것을 알아서 하라고 하셔서 얼마나 서운했는지 몰라요. 하지만 지금은 부모님이 저에게 독립심을 키워주려고 그러셨다는 것을 알아요. 이젠 마지막 선택을 하는 데 있어 불안하거나 두렵지 않거든요.”

사소한 결정에서부터 중요한 결정까지 모두 자신이 해야 하는 환경에서 자란 정은이가 성인이 되어서 지금은 어떻게 살아가고 있을까?

지금의 정은이는 누구보다도 당차고 행복한 삶을 살아가고 있다. 무엇보다 어떤 일을 결정해야 할 때 고민은 깊게 하되 빠르고 정확한 판단을 내린다. 정은이는 사사건건 아이의 일에 간섭하는 부모를 볼 때면 이렇게 조언한다고 한다.

"어머니, 그 누구도 아이의 인생을 대신 살아줄 순 없어요. 아이가 제대로 된 인생을 살기를 바란다면 지금부터라도 아이에게 선택권과 함께 결정권을 주세요. 또한 마지막 선택은 무조건 아이가 하도록 해주세요. 이런 훈련들이 아이를 더 큰 사람, 단단한 사람으로 만들어줄 것입니다."

사소한 결정의 경험들이 모여서 나중에 큰 결정을 할 때 옳은 판단을 할 수 있도록 돕는다. 어릴 때부터 아이에게 줄 수 있는 가장 큰 선물은 아이 스스로 선택하고 결정할 수 있도록 결정권을 주는 것이다. 그러기 위해선 부모의 습관부터 바꾸어야 한다. 그중에서 가장 먼저 고쳐야 할 것이 부모의 욕심대로 아이를 재단해서 키우는 것이다. 부모가 욕심을 버릴 때 아이는 자신이 바라는 대로 성장하게 된다.

여러분 중에 아이의 의사나 결정은 미덥지 못하며 늘 자신의 생각이 옳고 바른 방향이라고 생각하는 엄마가 있을 것이다. 아이의 인생은 온전히 아이의 것이다. 엄마가 아이의 인생을 대신 살아줄 순 없다. 따라서 이제부터는 아이가 스스로 선택하고 마지막 결정을 할 수 있도록 해야 한다. 아이는 작고 사소한 것에서부터 스스로 선택하고 결정할 때 자신의 인생을 창조할 수 있는 힘을 가지게 된다. 자신의 인생의 주인이 된다는 말이다.

내 아이의 미래를 결정짓는 여섯 가지

모든 엄마는 아이가 건강하고 행복한 사람으로 자라기를 소망한다. 그런데 정작 아이와 함께하는 하루 일과를 들여다보면 아이에게 상처 주는 일들이 다반사다. 이제부터라도 다음 여섯 가지를 염두에 두고서 아이를 양육하자. 지금 엄마의 입에서 나가는 말과 사소한 행동들이 내 아이의 미래를 결정짓는다는 것을 기억해야 한다.

1. 아이에게 많은 기회 주기

어떠한 기회라도 좋다. 어떤 분야든 아이가 할 수 있는 능력을 한껏 발휘해볼 수 있도록 도와주자.

2. 아이의 모든 점을 존중해주기

아이들마다 성향도 다르고 특성도 다르다. 다른 것은 이상한 것이 아니다. 오히려 지극히 당연하다. 아이의 있는 그대로를 인정해주고 존중해주자.

3. 아이와 함께 많은 시간 보내기

직장 생활로 바쁘더라도 일주일에 하루 정도는 아이와 함께 시간을 보내는 것이 좋다. 아이의 어린 시절은 생각보다 빨리 지나간다. 훗날 아이가 훌쩍 커버렸을 때 어린 시절 함께해주지 못한 것에 대한 미련과 후회가 남게 된다. 지금 아이와 함께 시간을 보내자. 행복한 아이가 행복한 어른이 된다는 것을 기억하자.

4. 더 자주, 더 많이 안아주기

아이를 더 자주 안아주자. 아이와 자주 스킨십을 나누면 아이는 정서적으로, 심리적으로 안정된다.

5. 아이를 믿어주기

아이가 가장 신뢰하는 사람은 누구도 아닌 부모다. 따라서 부모가 아이를 온전히 신뢰하고 응원하는 것보다 더 아이에게 힘이 되는 것은 없다. 아이가 때로 실수하거나 잘못을 하더라도 아이의 입장에서 이해해주고 공감해줄 수 있어야 한다. 아이는 부모가 믿어주는 만큼 성장한다는 것을 기억하자.

6. 아이의 마음 공감해주기

엄마는 아이가 느끼는 수많은 감정들을 읽을 수 있다. 그래서 아이는 마음이 슬프거나 아플 때 아빠보다 엄마에게 털어놓게 된다. 그런데 엄마가 아이의 마음을 공감해주지 못하거나 외면한다면 어떨까? 아이는 엄마에 대한 상실감과 상처를 가지게 된다. 아이가 세상에서 가장 믿고 의지하는 존재는 엄마다. 어떤 일이 있어도 아이의 편에서 아이의 마음을 오롯이 공감해줄 수 있어야 한다.

엄마가
달라지면 아이도
달라진다

고집 센 아이_
타협하는 법을 가르쳐라

"어휴, 승현이는 고집이 너무 세서 키우기 정말 힘들어요. 자기가 원하는 것이 있으면 꼭 해야 하고 마음대로 안 될 때는 진이 다 빠질 정도로 고집을 피워요. 호되게 혼내보아도 잘 고쳐지지 않네요."

아이가 고집을 부리면 "안 돼!" 하며 무섭게 말하는 부모가 있고, 아이가 고집을 부리든 말든 '나 몰라라' 하는 부모가 있다. 아이가 고집을 피울 때 귀찮다고 해서 방관하거나 부모의 권위를 내세워 아이의 행동을 강제로 수정하려고 들면 오히려 역효과를 불러올 수 있다.

그렇다면 고집 센 아이는 어떻게 지도해야 할까? 이것 하나만

알면 된다. 아이에게 타협하는 법을 알려주는 것이다.

예전에 세 딸을 둔 집에 상담을 간 적이 있었다. 다해, 다인, 다예 세 딸에 대한 음악 교육 플랜을 짜기 위한 만남이었다. 그때 막내 다예가 일곱 살이었는데 내가 상담을 간 그날, 대전 할머니께서 손녀들의 옷을 한 벌씩 사서 보내신 택배가 도착했다. 그런데 상자 안에는 셋째 다예 옷만 없는 것이 아닌가. 언니들은 옷을 입어보고 기뻐하는데 다예는 "내 거는! 내 거는! 내 옷도 빨리 달란 말이야!" 하며 상담 중인 엄마에게 울먹이며 떼를 쓰기 시작했다.

다예 엄마는 나에게 잠시 양해를 구하고 할머니와 통화를 했다. 다예 옷은 사이즈를 잘못 산 탓에 다음 날 도착할 모양이었다. 통화가 끝난 후 엄마는 다예와의 타협을 시작했다.

첫째, 아이의 마음 알아주기

"할머니께서 옷을 보내주셨는데 다예 옷만 상자에 없어서 지금 많이 속상하겠구나. 언니들은 모두 입어보는데 다예는 그러질 못해서 섭섭하지?"

둘째, 상황 설명해주기

"그런데 다예야, 다예 옷은 지금 택배 아저씨가 커다란 차에 싣고 우리 집으로 배달 오고 있는 중이래. 할머니가 더 예쁜 옷으로 골라서 조금 전에 보내셨다고 말씀하셨어.”

셋째, 타협하기

“지금 엄마는 선생님과 상담 중이야. 다예가 아무리 떼쓰고 울어도 옷은 오늘 도착하지 않아. 내일 도착할 거야. 섭섭해도 참고 조금 전 엄마랑 시장에서 사 온 방울토마토 맛있게 먹고 있을까?”

나는 상황을 지켜보며 가슴속으로 박수를 몇 번이나 쳤는지 모른다. 그동안 많은 부모를 만나보았지만 다예 엄마처럼 아이의 눈높이에서 아이에게 상황을 설명하면서 속상한 마음을 보듬어주는 부모는 좀처럼 보지 못했던 것이다.

그런데 다예 엄마는 다예의 속상한 마음을 알아주고, 상황을 설명해주고, 타협함으로써 다예가 더 이상 속상하지 않도록 다독여주었다. 다예 엄마를 보면서 다른 엄마들도 다예 엄마 같았으면 하는 생각이 들었다.

외동아이들 중에 유난히 고집이 세고 타협할 줄 모르는 아이들이 많다. 아무래도 혼자 자라면서 지금껏 원하는 방향으로 많은 것을 해왔기에 더욱 그럴 것이다. 부모의 입장에서도 자식이 하나뿐이면 아무래도 금이야 옥이야 키우게 된다.

문제는 아이가 원하는 대로 다 들어준다는 것이다. 집에선 부

모에게 금쪽같은 자식이니 오냐오냐하며 키울 수 있지만 집 밖에
서의 상황은 그렇지 못하다. 그저 평범한 아이일 뿐이다. 집에서
처럼 다른 친구들에게 고집을 부렸다간 다툼이 생기거나 왕따가
될 수도 있다. 즉, 밖에서는 아무리 고집을 부려도 뜻대로 할 수
가 없는 것이다.

소리노리연구소에는 신기한 악기들이 많다. 그렇다 보니 아이
들이 자연스레 호기심을 가지고 이것저것 탐색하고 만져본다. 여
기에서 아이들은 타협하는 아이와 고집을 심하게 부리는 아이로
나뉜다.

하루는 외동아이들 세 명이 모였다. 그날따라 아이들이 같은
악기를 서로 차지하겠다고 심하게 자그락거리는 것이었다.

승준이 엄마가 아이들을 불렀다.

"여기 있는 악기는 누구 것일까?"

"원장 선생님 거요."

"그런데 친구들이 이렇게 싸우면서 고집 부리면 원장 선생님
께서 악기를 만져보게 하실까?"

"……."

"서로 사이좋게 연주해보는 거예요. 승준이는 왜 울었어? 아
진이가 먼저 만져서? 승준아, 아진이가 먼저 연주해보고 줄 거
야. 그렇지, 아진아?"

"네……."

"그래, 그럼 우리 돌아가면서 서로 바꾸어서 연주해보는 거야. 어때?"

"좋아요!"

승준이 엄마가 아이들이 쉽게 이해할 수 있도록 설명했더니 금세 상황은 종료되었다. 만약 승준이 엄마가 이렇게 말했다면 어떻게 되었을까?

"너희들 조용히 못 해? 싸우지 말랬지! 양보하면서 놀아!"

이런 식으로 말했다면 한순간은 조용하게 만들 수 있었겠지만 다시금 아이들은 서로 고집을 내세웠을 것이다. 아이들은 어른들과 달리 자기 감정을 제어할 수 있는 힘과 인내력이 부족하기 때문이다. 승준이 엄마는 아이들에게 서로 악기를 갖겠다고 욕심을 부리거나 고집을 피우면 왜 안 되는지 이해가 쉽도록 설명했다. 그러자 아이들은 이곳은 원장님의 연구소이고 악기들 역시 원장님의 것이어서 마음대로 할 수 없다는 것을 이해했다.

고집이 센 아이를 키우는 엄마는 아이를 야단치기 전에 타협하는 법을 가르쳐야 한다. 어려서부터 타협하는 방법을 가르치지 않는다면 아이는 고학년이 될수록 또래들과 부딪치는 일이 많아지게 된다. 그럴수록 의기소침해지고 내성적인 아이로 성장하게 된다.

세상은 나 혼자서 살아갈 수 없다. 때로 내가 타인에게 도움을 줄 수도, 역으로 타인으로부터 도움을 받을 수도 있다. 이처럼 다

른 사람들과 더불어서 살아갈 때 훨씬 즐겁고 행복한 인생을 살
수 있다. 내 아이, 고집이 세다면 타협하는 법을 가르쳐야 할 때
라는 것을 기억하자.

눈치 보는 아이_
자존감을 높여라

몇 해 전, 보라카이로 휴가를 다녀왔다. 그곳에서 호핑 투어를 하다가 마찬가지로 휴가를 온 보경이네 가족을 만났다. 보경이는 여덟 살 여자아이였다. 나를 잘 따르기도 하고 애교도 많아 내가 무척 예뻐했다. 그런데 보경이는 어떤 선택이나 결정을 할 일이 생기면 무조건 엄마를 찾았다. 심지어 아이스크림 하나 먹는 것까지도 엄마의 눈치를 살폈다.

"시원한 아이스크림 하나 먹자. 보경이도 하나 골라."

"잠깐만요, 엄마한테 물어보고요."

"그냥 보경이가 먹고 싶은 아이스크림으로 고르면 돼."

"그래도 엄마한테 물어볼래요."

그 일을 계기로 내 눈에는 심하게 엄마 눈치를 보는 보경이가 보였다. 보경이 엄마와도 친해져서 모녀의 관계를 조금 더 깊이 들여다보았더니 역시나 보경이가 그러는 데는 원인이 있었다. 보경이는 어릴 때부터 ‘착한 딸’, ‘엄마 말 잘 듣는 딸’로 인식되어 있었다. 아이는 자신도 모르게 ‘착한 딸’의 이미지를 강요받고 있었고, 그래서 엄마의 말을 잘 들어야 한다고 생각하게 된 것이다.

나는 보경이를 보면서 지금의 모녀 관계를 개선하지 않으면 보경이가 우유부단해지는 것은 물론 매사 자신의 생각에 대한 확신이 결여되어 주도적인 인생을 살아갈 수 없을 것이라는 생각이 들었다. 매사에 자기주장이 부족한 아이는 다른 아이들에게 휘둘리는 법이다. 결과적으로 친구들과의 관계마저 힘들어질 수도 있다.

내가 보경이에게 물었다.

"보경이는 커서 뭐가 되고 싶어?"

"저는 엄마가 하라는 거 할 거예요."

우리는 주위에서 보경이와 같은 아이를 간혹 보게 된다. 이런 아이들의 특징이 어릴 적부터 무조건적으로 부모의 말을 잘 듣도록 키워진다는 것이다. 부모의 말을 잘 듣는 것은 좋지만, 아이가 부모 없이 혼자서 판단하고 결정하지 못한다면 정신은 성숙하지 못한 채 성인이 될 수도 있다. 이는 아이를 불행하게 살아가도록 만드는 것과 다를 바가 없다.

항상 부모가 아이에게 "이거 해라", "저거 해라" 하고 강요한다면 아이는 독립된 인격체가 아닌 부모의 꼭두각시에 지나지 않게 된다. 앞의 사례처럼 작고 사소한 일조차 아이 스스로 결정하는 것을 힘들어한다면 이 아이가 자라서 무엇을 이루어나갈 수 있을까. 아이가 엄마 아빠의 말을 그대로 따라서 자란다면 키우는 동안은 편할 수 있다. 하지만 아이가 성인이 되고 나서는 어떨까? 부모의 품에서 벗어나 홀로서기를 해야 할 때 반드시 어려움에 처하게 된다.

나는 보경이 엄마에게 보경이가 유독 엄마의 눈치를 본다고 말했다. 그러면서 지금처럼 보경이가 눈치를 보지 않도록 하기 위해선 자존감을 높여줘야 한다는 말도 덧붙였다. 보경이처럼 눈치 보는 아이들은 대체적으로 자존감이 낮다. 따라서 눈치 보지 않는 아이로 키우려면 일방적으로 "이거 해" 하고 지시하기보다 "우리 보경이는 어떤 걸 먼저 해보고 싶어?" 하고 아이에게 의사를 먼저 물어야 한다. 엄마가 아이의 의사를 존중해줄 때 아이는 눈치 보지 않고 자신의 주장을 말할 수 있게 된다. 그 과정에서 자기 자신을 존중하는 자존감 역시 높아진다.

현재 내가 운영 중인 소리노리터에 다양한 아이들이 엄마와 함께 찾아온다. 그런데 요즘 부쩍 느끼는 것이, 엄마나 아빠의 눈치를 보는 아이들이 많다는 것이다.

여섯 살 난 경은이에게 "경은이가 하고 싶은 거 원장님에게 이야기해볼래?" 하고 물었다. 그러자 경은이는 그저 옆에 앉아 있는 엄마의 눈치만 살필 뿐 묵묵부답이었다. 그리고 아래와 같이 엄마가 결정해주는 대로 하겠다고 말하는 아이들도 많다.

"싫어. 엄마가 말해줘. 엄마가 정해주는 대로 할 거야!"

"난 잘 모르겠어. 엄마가 하라는 대로 하는 게 편해."

두 경우 모두 수업을 해보면 아이들의 자존감이 낮았다. 자존감이 낮으니 당연히 자신감도 부족할 수밖에 없는 것이다. 나를 존중하는 자존감이 높을 때 나 자신에 대해 신뢰하는 마음이 강해진다.

그렇다면 작고 사소한 것조차 스스로 생각하고 결정하기보다 누군가가 결정해주고 지시해주는 것을 따르는 것에 익숙해져 있는 아이의 자존감을 높여주기 위해서는 어떻게 해야 할까? 다음 세 가지를 기억하면 도움이 된다.

첫째, 인정해주기

아이들은 아직 불완전한 존재이기 때문에 허무맹랑한 이야기를 자주 한다. 그럴 때 엄마는 아이의 이야기를 귀 기울여서 들어주고 공감해주면서 아이의 의사, 느낀 감정을 물어봐 주자. 아이와의 대화에 진심으로 동참할 때 아이는 엄마가 자신에 대해 애정을 가지고 있다고 생각하게 된다.

둘째, 아이가 스스로 판단하고 결정했을 때 칭찬해주기

아이 나름대로 많이 고민하고 결정한 부분을 엄마에게 이야기했을 때 "혼자서 어떻게 그런 생각을 했니? 정말 기특하구나" 하고 아이를 진심으로 인정하고 칭찬해주자. 엄마의 칭찬은 아이에게 자신의 생각과 행동에 확신을 가지게 한다.

셋째, 스스로 해볼 수 있는 기회를 자주 만들어주기

조금 힘들고 귀찮더라도 아이에게 물고기를 잡는 방법을 알려주자. 당장은 내가 잡아서 요리해 숟가락에 얹어주는 것이 편할지 모른다. 하지만 10년 뒤를 생각해보자. 부모의 사소한 행동들이 아이에게는 앞으로 혼자서 잘해낼 수 있는 능력까지 앗아 갈 수 있다는 걸 명심해야 한다.

진정으로 내 아이가 잘되기를 바란다면, 더 이상 눈치 보는 아이로 만들어선 안 된다. 그 대신 격려와 인정으로 아이의 자존감의 키를 높여줘야 한다. 아이의 행복과 성공은 자존감에 달렸기 때문이다. 그 사람이 가진 자존감의 크기만큼 행복해지고 성공하는 법이다.

엄마로부터 인정과 격려를 받고 자란 아이는 매사에 적극적이고 능동적이다. 때로 어려운 일이 닥쳐도 쉽게 좌절하지 않는다. 오히려 시련을 극복하기 위해 최선을 다한다. 그럼으로써 인생을 주도적으로 만들어나간다.

03

예민한 아이_
자신의 감정을 표현해낼 방법을 알려줘라

학부모 상담을 하다 보면 자주 듣는 말이 있다.

"우리 아이가 좀 예민해요!"

내 아이가 예민한 것까지는 파악했지만 그 이후로는 어떻게 대처해야 할지 몰라 난감해하는 부모들을 자주 만나게 된다.

사람마다 성향이 다르다 보니 분명히 더 예민하고 덜 예민한 아이들이 있다. 그동안 만나본 예민한 아이들에게는 다음과 같은 특징이 있었다.

표정이 대체적으로 굳어 있고, 자주 신경질적인 모습을 보인다. 감정 표현에 서툴고 주로 혼자 논다. 대체적으로 마른 아이들이 많았는데, 그 원인으로 편식을 꼽을 수 있다.

이 책을 읽고 있는 엄마들 가운데 '우리 애도 예민한 편인데……'라고 생각하는 엄마가 있을 것이다. 예민한 아이를 키우는 엄마는 무딘 아이를 키우는 엄마에 비해 마음이 더 쓰이고 힘들게 마련이다. 하지만 다음 세 가지를 고려해서 양육한다면 예민한 아이를 큰 힘 들이지 않고 키울 수 있다.

첫째, 엄마 자신부터 달라지자

보통은 부모가 예민하면 아이들도 자연스레 예민해진다. 내 아이의 모습은 눈에 들어오지만 정작 자신의 모습은 못 느끼고 살아가는 부모가 많다. 엄마인 나는 어떤 성향인지, 나는 어떨 때 예민해지는지 곰곰이 생각해볼 필요가 있다. 자신을 돌아보면 내 아이가 꼭 나를 닮았다는 것을 알고는 화들짝 놀라게 된다. 이제 예민한 내 아이를 바꾸고자 한다면 해답이 나왔다. 엄마인 나부터 달라지면 아이는 자연스레 달라진다.

둘째, 아이가 자신의 감정을 표현할 수 있게 도와주자

아이가 짜증을 부리거나 울거나, 혹은 씩씩거리면서 제 감정을 표현할 때마다 "왜 또 짜증이야?", "왜 이렇게 예민하게 굴어?"라며 잔소리하거나 야단쳤을 것이다. 그랬다면 오늘부터 당장 아이를 대하는 태도를 바꾸어보는 것이다.

"이렇게 짜증 부리면서 이야기하면 엄마가 네 말을 제대로 알아들을 수가 없어. 엄마에게 하고 싶은 말을 천천히 이야기해볼래? 엄마가 도울 수 있는 일이면 도와줄게."

처음 얼마 동안은 엄마의 말이 아이에게 아무런 효과를 발휘하지 못할 수도 있다. 왜냐하면 그동안 엄마에게서 그런 자상한 태도를 본 적이 거의 없기 때문이다. 하지만 하루 이틀 시간이 지나면서 아이는 엄마가 자신을 대하는 태도가 예전과 다르다는 것을 느끼게 된다. 엄마가 자신의 말을 깊이 있게 들어주고 수용해준다는 생각에 더 이상 신경을 곤두세우지 않게 된다. 자연스레 아이가 달라지는 것이다.

셋째, 취미 생활을 하도록 도와주자

아이들마다 좋아하는 것이 다르다. 아이를 키우다 보면 열이면 열 명의 아이들이 저마다 관심 분야가 확연히 다르다는 것을 느낄 수 있다. 내 아이가 무엇을 할 때 가장 집중도가 높은지 생각해보자. 어떠한 활동을 할 때 가장 즐거워하고 행복해하는지 곰곰이 따져보는 것이다. 그것을 토대로 아이가 취미 생활을 할 수 있게끔 거들어준다면 아이의 정서가 안정되는 데 도움이 된다.

올해 중학생이 된 형준이는 요즘 피아노를 치면서 시간을 많이 보낸다. 어릴 적부터 성격이 예민한 편이어서 사춘기가 되면 혹 빗나가지는 않을까 하는 걱정으로 형준이 엄마는 늘 마음이 무거웠다. 그런데 의외로 형준이가 사춘기를 잘 견디는 모습에 형준이 엄마는 형준이를 대견해하고 있었다.

"형준이가 학교에서 돌아오면 자기 기분에 따라서 피아노 연주를 해요. 짜증 나고 힘들 때 피아노를 치면 아무 생각이 안 나면서 마음이 편해진다고 하네요. 형준이에게 피아노를 가르친 것은 정말 잘한 일이라는 생각이 들어요. 형준이에게 스트레스를 풀 수 있는 수단을 만들어준 것 같아요."

어릴 적부터 비교적 쉽게 접해볼 수 있는 대표적인 악기로 피아노가 있다. 동네마다 피아노 학원이 있고, 자녀에게 악기를 배우게 할 때도 엄마들은 으레 피아노를 가장 먼저 떠올릴 정도로 피아노는 상당히 대중화된 악기다. 아이가 악기 하나쯤 다루길 원해서, 혹은 전공으로 살리길 원해서, 혹은 다른 아이들도 다 하니까 등 여러 가지 이유로 엄마들은 아이들을 피아노 학원으로 보낸다. 그런데 여기서 중요한 것은 피아노 수업이 '학습'이 되어선 안 된다는 것이다. 학습이 되는 순간 아이에게 피아노는 부담과 스트레스가 된다. 따라서 엄마의 욕심을 내려놓고 아이들이 피아노 앞에 앉아 있는 시간을 예술이 주는 즐거움을 맛보는 시간으로 인식할 수 있게 도와야 한다.

다섯 살 난 창민이가 있다. 외동아들로 자라고 있으며 내가 느끼기에도 예민한 편에 속하는 친구다. 하루는 창민이에게 이렇게 물었다.

“창민이는 뭐 할 때가 가장 즐거워? 노래할 때? 춤출 때? 악기 연주할 때?”

“저는 춤출 때 제일 즐거워요.”

그 이후로 나는 창민이를 만나면 신 나는 음악을 틀어주었다. 그럼 창민이는 너무나도 자연스럽게 리듬을 타며 춤을 추는 것이 아닌가. 그런데 더욱 놀라운 것은 창민 엄마의 말이었다.

“원장님, 요즘 들어 우리 창민이가 부쩍 달라졌어요. 예전에 비해 짜증도 덜 내고 성격도 많이 둥글둥글해졌어요. 어떻게 이런 일이 가능하죠? 정말 신기해요.”

내 아이가 예민한 편이라면 아이에게 큰 소리로 야단치고 화낼 것이 아니라 자신의 감정을 표현해낼 방법을 알려주자. 아이가 예민해지는 것은 내면의 욕구를 표출하지 못해서다. 그 욕구를 표출해낼 수 있는 방법을 알려준다면 아이는 정서적으로 안정되어 원만한 아이로 자라게 된다.

소유욕이 강한 아이_
부모가 먼저 공유와 나눔의 모범을 보여라

지인 중에 욕심이 상당히 많은 언니가 있다. 그 언니는 모임에서 다 함께 밥을 먹어도 자신이 가장 많이 먹어야 하고, 여러 사람이 공동으로 구매해서 무언가를 나눌 때도 자신이 가장 많이 가져가야 직성이 풀린다. 그러면서도 유독 자신이 가진 것은 나누기를 꺼린다. 그렇다 보니 모임 내에서도 그 언니를 얄밉게 느끼는 사람이 한둘이 아니다. 오죽하면 모임에서 그 언니가 빠졌으면 하는 분위기가 형성되고 있다.

언니에게는 다섯 살, 여덟 살 아이들이 있다. 몇 차례 모임에서 아이들을 데리고 함께 만난 적이 있었다. 그런데 아이들끼리 두면 같이 놀다가도 항상 다툼이 일어나거나 울음소리가 들리곤 했다.

"너는 빨간색 공 있으니까 노란색 공은 내가 할게."

"싫은데? 나 노란색 공도 가지고 놀고 싶어."

"그럼 빨간색 공은 주고 노란색 공 가지고 놀아."

"싫다고! 둘 다 내가 가지고 놀고 싶단 말이야!"

놀 때뿐만이 아니었다. 식당에서도 똑같은 상황이 일어났다.

"나는 제일 많이 주세요."

"다 먹으면 이모가 더 줄게. 맛있게 먹어."

"아니요, 지금 더 주세요. 더 많이 주세요."

나는 아이들의 욕심에 깜짝 놀랐다. 그러면서도 마음 한구석에서는 '아!' 하는 생각이 들었다. 아이들이 왜 그러는지 충분히 이해가 되었기 때문이다. 아이들은 소유욕이 많은 엄마를 쏙 빼닮아 있었던 것이다. 정말 아이는 '부모의 거울'이라는 말이 꼭 들어맞았다.

아이들을 위해서라도 언니에게 아이들의 이야기이며, 언니의 소유욕에 대한 이야기를 꼭 해주어야겠다는 생각이 들었다. 물론 이 문제는 자칫 언니의 마음에 상처를 줄 수 있기 때문에 최대한 자연스럽게 얘기를 꺼내자고 마음먹었다.

내가 언니에게 차 한잔하자며 미팅을 요청했다. 언니와 이런저런 이야기를 나누다 오늘 따로 만나자고 한 이유를 말했다. 그랬더니 언니는 나의 우려와는 달리 반색을 하면서 이렇게 말했다.

“어머, 나도 걱정이 많았어. 우리 아이들이 너무 욕심이 많고 소유욕이 강해서 어떻게 하면 그런 행동들을 수정해줄 수 있을까, 고민하던 참이었어.”

나는 반가운 마음으로 언니에게 이야기하기 시작했다. 아이들의 욕심을 줄이는 방법으로 언니에게 세 가지를 꼽아서 설명했다.

첫째, 아이들에게 나누는 모습을 보여주기

사실 엄마가 먼저 사람들과 나누는 모습을 보여주는 것이 아이들이 자연스럽게 변할 수 있는 최고의 방법이다. 엄마가 아이들에게 나누는 모습을 자주 보여줄 때 아이들도 친구들과 나누거나 함께하는 것을 당연하게 생각하게 된다.

예를 들어 과일을 사서 집에 오는 길에 아이의 친구를 만나거나 이웃 사람을 만나면 방금 산 과일을 조금 나누어주는 것이다. 평소에 그러한 모습을 보지 못했던 아이들이라면 이렇게 떼를 쓸 수도 있다.

“그 과일 내 거야! 내가 집에 가서 다 먹을 거란 말이야!”

경우에 따라 “주지 마, 엄마. 우리 거야” 하고 직설적으로 욕심을 드러낼 수도 있다. 그렇다고 해서 아이를 혼내거나 야단치며 무안을 줘선 안 된다. 아이 마음을 먼저 읽어주고 왜 나눠야 하는지 아이를 이해시켜주는 것이 중요하다. 이러한 상황이 몇 번만 반복되면 자연스레 아이도 ‘다른 친구한테 나누어줄 수도 있구나’ 하고 생각하게 된다.

둘째, 나 혼자만이 할 수 없는 일들을 체험하게 하기

아이가 초등학교에 다니는 정도의 나이라면 래프팅처럼 혼자가 아닌 여러 명이서 함께할 수 있는 스포츠를 경험하게 해주는 것도 좋다. 또한 친척들과 어울려 휴가를 함께 보내는 것도 도움이 된다. 여러 사람과 자주 부딪치다 보면 아이 또한 자연스레 서로의 것을 공유하고 자기 것을 나누는 것을 배우게 된다. 그동안 혼자서 노는 것에 익숙한 아이라면 더더욱 부모가 기회를 많이 만들어주어야 한다.

셋째, 어려운 이웃을 돕는 봉사활동에 아이와 함께 참여하기

나눔의 진정한 의미를 몸소 체험해보게 하는 것이다. 엄마 아빠와 함께 봉사활동을 한다는 것은 나눔에 있어 가장 모범이 되는 경험이다. 여기서 중요한 것은 즐겁게 마음에서 우러나오는 기분으로 함께해야 한다는 것이다.

만약 목적과 결과를 위해 억지로 함께한다면 아무런 소용이 없다. 몸으로 봉사활동을 하는 것이 상황적으로 힘들다면 함께 ‘저금통’을 만들어보자. 어려운 이웃을 위한 저금통에다 조금씩 돈을 모아보는 것이다. 그 돈이 모이면 연말에 아이와 함께 ‘자선냄

비'에 넣어보는 것은 어떨까?

　내 아이가 소유욕이 강한 것은 부모들 가운데 적어도 한 사람이 소유욕이 강하기 때문이다. 그래서 아이 역시 그런 부모의 영향으로 소유욕이 강해졌을 가능성이 크다. 따라서 부모가 먼저 나눔의 모범을 보여야 한다.

　아이에게 욕심이 많다고 혼내거나 야단치기보다 그동안 부모가 먼저 나눔을 실천해왔는지 돌이켜봐야 한다. 부모가 먼저 바뀐다면 내 아이의 강한 소유욕은 점점 줄어들게 된다.

　아이에게 내 것을 나눌수록 마음은 더욱 부자가 된다는 걸 몸소 알려주는 현명한 부모가 되자.

05

친구와 자주 다투는 아이_
부모의 화풀이 습관부터 고쳐라

"으앙! 엄마!"

송희가 또 울면서 엄마에게 간다. 평소에도 친구들과 자주 다투는 모습을 보아왔는데 오늘도 예외 없이 친구와 다투고는 울어버린다. 송희 엄마는 친구들과 잘 어울리지 못하는 딸을 보며 속상해했다.

나는 '성격이 명랑하고 착한 송희가 왜 그럴까' 하는 생각이 들었다. 그래서 평소에도 유심히 송희를 지켜보았다. 송희는 자기 뜻대로 뭔가가 이루어지지 않을 때는 친구들을 비롯해 나에게도 화를 내거나 짜증을 내곤 했다. 처음에는 표현법이 서툴러서 그러려니, 하며 화가 날 때는 어떻게 표현해야 하는지 송희에게 가르쳐주기 위해 애를 썼다.

그런데 알고 보니 송희가 친구들과 자주 다투거나 울음을 터뜨리는 원인은 따로 있었다.

한번은 송희 엄마가 내 앞에서 송희를 심하게 야단치는 것이었다. 엄마의 꾸지람 속에는 송희의 자존심에 상처를 입히는 심한 말도 섞여 있었다.

"송희야, 너 왜 또 우니? 엄마 자꾸 화나게 할래? 안 그래도 오늘 짜증 나는데 너까지 보탤래?"

"넌 정말 누굴 닮아서 그래? 엄마가 한번 하지 말라면 하지 말아야지. 머리에 뭐가 들었길래 그래?"

생각해보니 송희 엄마는 평소에도 인상을 자주 쓰고 있었다. 어딘지 모르게 불만이 있는 표정을 항상 짓고 있었던 것이다. 그리고 부정적인 표현도 자주 했다.

"원장님, 요즘 되는 일이 없네요. 미치겠어요."

"송희 때문에 못살겠어요. 걔는 왜 그럴까요?"

송희가 친구와 잘 놀다가도 친구가 자신의 뜻대로 안 따라주면 화를 내거나 울음을 터뜨리는 것은 평소 짜증과 화를 잘 내는 엄마의 영향 때문이었다. 엄마와 가장 가까이에 있는 송희가 그런 엄마의 모습을 자신도 모르게 학습한 것이다.

자신의 기분을 있는 그대로 아이에게 표현하며 짜증 내고 화를 내서도, 심한 말을 해서도 안 된다. 엄마 자신의 감정을 잘 컨트롤해야 아이 역시 자기 감정을 잘 컨트롤하는 법을 배우게 된다. 따라서 아이에게 문제가 있다면 분명 부모에게도 비슷하거나 똑같은 문제가 있다고 보면 된다.

아이들끼리 놀다 보면 서로 의견이 맞지 않아 다툴 수도 있다. 하지만 그 다툼이 잦은지 드문지, 혹은 다툰 후에 화해를 하는지 계속적으로 짜증 내고 화풀이를 하는지를 잘 살펴보아야 한다.

아이가 친구들과 다툼이 있다면 다툰 후에 잘못한 부분을 인정하고 사과할 수 있게 가르쳐야 한다. 친구에게 사과하는 방법만 잘 알려줘도 아이는 다툰 후에 스스로 친구에게 다가가 용기 있게 사과하고 먼저 화해를 이끌어낼 수 있다.

그런데 엄마나 아빠가 근본적으로 '화풀이 습관'을 가지고 있다면 이야기가 달라진다. 또한 아이 앞에서 부부가 서로 화풀이를 한다거나 부부 싸움 하는 모습을 보인다면 아이가 자신도 모르게 그런 부분을 체득하게 된다. 그런 모습을 본 아이는 친구들과 다투는 일을 지극히 당연하고 자연스럽게 여기게 될 가능성이 크다. 또한 자신의 잘못이 왜 잘못인지조차 인식하지 못하게 된다. 그래서 문제 행동이 수정되지 않는 것이다.

내 아이가 툭하면 짜증을 내거나 친구들과 다툰다면 절대 그냥 넘겨선 안 된다. 어려서 그렇겠지, 하며 그냥 넘겼다간 그런 행동들이 어느새 아이의 못된 습관으로 자리 잡힌다. 초등학교에 들어가거나 고학년이 될수록 또래들에게 '왕따'나 '은따'를 당할 수도 있음을 유념해야 한다.

그렇다면 내 아이의 화풀이 습관을 고치려면 어떻게 해야 할까? 먼저 부모부터 자기 감정을 조절하는 방법을 배워야 한다. 화가 날 때 화풀이를 할 수도 있지만, 그 화풀이가 다른 누군가에게 향해 있어서는 안 된다. 순간적으로 화가 나거나 부정적인 생각이 들 때 다음과 같이 해보자.

첫째, 화가 날 때 3분간 행복한 상상을 한다

딱 3분만 분노에서 해방되어보자. 화가 나는 상황들을 머릿속에서 밀어내는 것이다. 그 일에 대해서 더 이상 생각을 말고 딱 3분 동안 내가 가장 좋아하는 일을 상상하면 된다. 그것이 여행이든 쇼핑이든 상관없다. 가장 행복했던 때를 떠올리는 것도 좋다. 물론 처음에는 힘들 것이다. 하지만 두 번 세 번 반복하다 보면 3분 효과를 보게 될 것이다.

둘째, 혼자만의 시간을 가진다

3분이 지나고 나면 이성을 눌렀던 화가 가라앉게 된다. 이성적인 판단을 할 수 있게 되는 것이다.

내가 왜 화가 났는지, 어떤 부분에서 참을 수 없었는지, 내가 실수한 부분은 없는지, 혹 있다면 어떤 부분인지, 상대방이 왜 그랬는지 예측해볼 수 있고 입장을 바꿔 생각하는 여유도 생긴다.

자신이 화가 난 부분을 스스로 이해하고 인정해주는 것이다. 또한 당장은 하기 힘든 '상대방 이해하기'도 넓은 마음으로 시도해보는 것이다. 그러다 또 짜증이 나고 화가 올라온다면 지금 당장은 상대방까지 이해하지 않아도 되니 그 마음은 접어두는 것이다. 내 마음을 잘 살피고 보듬어주자. 그리고 앞으로 해결해야 할 문제나 행동들을 차근차근 생각해보고 대응하는 것이다.

이렇게 부모의 화풀이 습관을 고쳐나가다 보면 내 아이의 화풀이 습관도 고쳐진다. 자주 화내고 짜증 내던 엄마가 어느 순간 그 빈도가 줄어들고 화풀이를 하지 않게 된 것을 아이는 느끼게 된다. 자연스레 아이 역시 그런 부모의 영향을 받아 친구들과 다투거나 화풀이를 하는 일이 줄어들게 되는 것이다.

그동안 많은 아이들의 문제 행동을 수정해오면서 아이들이 잘못하는 경우는 거의 없다는 것을 알았다. 사실 모든 잘못은 어른에게 있었다. 내 아이에게 어떤 문제 행동이 있다면 먼저 부모 자신부터 돌아봐야 한다. 평소 나의 행동이 아이의 지금 행동과 겹치는 부분은 없는지 말이다.

감정 조절 못 하는 아이_
아이의 감정과 생각에 귀 기울여라

사람은 누구나 감정 표현을 한다. 웃고 울고 분노하고 기뻐하고……. 아이도 상황과 기분에 따라 다양한 감정 표현을 한다. 감정을 표현함으로써 부모나 친구들에게 자신이 바라는 것을 요구하고 관철시킨다.

그런데 아이가 감정 조절을 잘 하지 못한다면 어떨까? 화를 참지 못해 물건을 던진다거나 자기 몸을 상하게 한다면? 혹은 주변에서 우려할 정도로 흥분해 좀처럼 진정을 못 한다면? 감정 조절을 못 하는 사람은 분노나 화를 참지 못해 과잉 행동을 하게 된다. 이런 아이들 가운데 친구들과 원만하게 어울리지 못하고 외톨이로 지내는 아이들이 많다.

상황이 자신의 뜻대로 되지 않을 때 소리를 지르거나 장난감을 던지는 아이들이 있다. 감정 조절이 되지 않기 때문에 자신의 일차적인 감정을 그대로 표출하는 것이다. 이런 아이들은 십중팔구 어릴 때 부모 혹은 누군가가 물건을 집어 던지는 모습을 본 기억을 가지고 있다. 아이가 이렇게 나올 때는 엄마가 먼저 아이를 진정시킨 다음 조용한 곳으로 가서 아이가 생각할 시간을 만들어주는 것이 좋다. 아이의 시선이나 마음을 어지럽히는 환경을 피해 지속적으로 아이에게 관심을 두고 아이의 감정 조절에 도움을 줘야 한다. 그리고 부모는 아무리 화가 나더라도 물건을 던지는 모습이나 흥분한 모습을 보여주어선 안 된다.

얼마 전 조카에 대한 사랑이 지극한 친구를 만나서 차를 마셨다. 친구가 요즘 여섯 살짜리 조카가 이상하다며 이야기를 꺼냈다.

"우리 조카 은솔이 알지? 요즘 은솔이가 심하게 울기도 하고 떼를 써도 너무 심하다 싶을 정도로 쓰고 한 번씩 과격한 행동도 해서 너무 놀랐어. 아이들은 다 그래? 아님 우리 은솔이가 이상한 거야?"

은솔이가 감정 조절을 힘들어하는 모양이었다. 화가 나거나 짜증이 나거나 마음에 들지 않는 상황을 표현하고 싶을 때 짜증, 떼쓰기, 과격한 행동, 울기 등이 아닌 다른 표현 방법을 이용할 수 있도록 도와줘야 했다. 나는 친구에게 이렇게 말했다.

“은솔이가 감정 조절을 힘들어할 때는 ‘무엇 때문에 그럴까?’ 하고 어른인 네가 먼저 생각해봐. 아이들이 그럴 때에는 앞뒤 상황을 따져봐야 돼. 아이의 입장에서는 꼭 그럴 만한 이유가 있어서 그러는 거거든. 그런 다음에 은솔이가 감정 조절을 잘할 수 있게 도와주어야 해. 혹 장난감을 던진다거나 너무 쉽게 눈물을 흘린다거나 등등 감정을 조절하기 힘들어할 때 일단 은솔이 편이 되어 은솔이의 마음을 토닥여준 다음 ‘이럴 땐 이렇게 표현해주면 좋을 것 같아’ 하고 말해봐. 다음번에도 혹시 그런 기분이 들면 다른 방법으로 표현하기로 약속도 해보고. 지속적으로 관심을 가지고 은솔이를 도와줘야 해.”

얼마 전 내가 운영 중인 소리노리터에서도 비슷한 일이 있었다.

시우, 준우는 여섯 살 난 쌍둥이 형제로, 그날은 수업 과정상 아이들에게 모두 안경이 하나씩 나가는 날이었다. 각자 마음에 드는 색깔의 안경을 하나씩 골라서 쓰게 하고는 즐겁게 수업을 진행했다. 중간에 안경을 벗어 각자 책상에 놓고 수업을 이어가는데, 그만 준우가 실수로 시우의 안경을 밟아서 안경테가 부러져 버렸다. 시우는 울음을 터뜨리기 시작했다. 나는 먼저 시우의 마음을 토닥여준 다음 새 안경으로 바꾸어 주었다. 새 안경을 받아 든 시우는 그제야 울음을 그치고 수업에 집중했다. 수업이 끝난 뒤 나가보니 시우 엄마가 시우의 막냇동생과 함께 쌍둥이를 기다리고 있었다. 막냇동생은 시우의 안경을 보더니 자기도 써보고 싶다며 달라고 졸라댔다. 그런데 시우가 맘 좋게 건넸던 안경을 동생이 실수로 또 부러뜨린 것이 아닌가. 시우는 또다시 짜증을 내면서 울기 시작했다. 눈물을 뚝뚝 흘리는 모습을 보고 엄마는 너무 의아해했다.

"시우야, 왜 울어? 고치면 되잖아. 울지 마. 왜 그래."

시우 엄마는 시우를 달래면서 나에게 말했다.

"요즘 시우가 감정 조절이 어려운지 자주 속상해하고 우는 것 같아요. 저도 덩달아 속상해요, 원장님."

모든 상황을 파악한 나는 조금 전 있었던 일들을 시우 엄마에게 이야기해주었다. 그리고 "시우가 많이 속상할 거예요"라고 말하며 시우의 마음을 공감해주었다. 그런 다음 밝은 목소리로 시우에게 말했다.

"우리 더 멋진 색이 있나 보러 가볼까? 과연 우리 시우가 제일 좋아하는 파란색 안경이 있을까?"

시우를 데리고 들어가 파란색 안경을 선물로 주었다. 그제야 시우는 울음을 멈추었다. 속상한 마음을 알아주고 위로해주는 사람이 있으니 시우는 금방 씩씩해졌다. 그때 시우에게 이야기를 시도했다.

"시우야, 좀 전에 많이 속상했지?"

"네."

"그래도 시우가 동생들 이해해주어서 정말 멋졌어. 그렇지만 다음에는 속상한 일이 있으면 울지 말고, 엄마에게 시우가 왜 속상한지 이야기해주면 좋을 것 같아. 그래야 엄마가 시우가 속상한 이유를 알지. 그렇게 할 수 있겠어?"

"네!"

내 아이가 시우처럼 감정 조절을 잘 하지 못한다면, 아이의 감정과 생각에 귀를 기울여야 한다. 아이의 감정과 생각에 초점을 맞춘다면 어렵지 않게 아이의 감정 조절을 도와줄 수 있다. 무엇보다 아이는 엄마가 자신에게 관심을 가지고, 이해하고 공감하는 모습을 보면서 사랑받는다는 것을 느낀다.

나는 엄마들에게 절대 어른의 감정대로 아이를 판단하지 말아야 한다고 말한다. 아이는 어른이 아니다. 사실 어른도 때로 자신의 감정을 조절하지 못해 상황을 어렵게 만들거나 사람들을 곤란하게 하지 않는가.

아이가 감정 조절을 힘들어한다면 평소 아이를 유심히 관찰하면서 원인을 살펴보자. 분명 원인이 있다. 그 원인을 찾았다면 단번에 행동을 수정하려고 하기보다 서서히 아이 스스로 행동을 수정하도록 유도해야 한다. 마지막으로 기억해야 할 것은 아이의 대부분의 문제의 원인은 부모에게 있다는 것이다. 부모가 달라지면 아이 역시 자연스레 달라진다.

07

산만한 아이_
호기심을 키워줘라

"원장님, 우리 채윤이는 좀처럼 가만히 있질 못해요. 피아노를 치다가도 몇 분도 채 되지 않아서 다른 걸 하고, 또 몇 분 안 되어서 또 다른 걸 하고……. 그러다 보니 집은 엉망이 되어요. 화가 나서 아이를 야단치면 엄마 밉다면서 울고불고 화내고……. 어떻게 하면 우리 채윤이가 한 가지 일에 집중하게 할 수 있을까요?"

여섯 살 채윤이 엄마의 고민이다. 이 말을 들은 나는 조금 의아했다. 내가 본 채윤이는 다른 아이들에 비해 집중도가 높고 음악 수업에도 재미있게 참여하는 아이였기 때문이다.

그런데 엄마의 눈에는 채윤이가 늘 산만하고 정신이 없는 아이로 비쳤던 것이다. 엄마의 말이 선뜻 이해가 가지 않았지만, 나는 채윤이 어머니와 상담을 해봐야겠다는 생각이 들었다.

"어머니, 채윤이가 한 가지에 집중하는 시간이 몇 분 정도 되나요?"

"한 5분, 10분, 그 정도밖에 안 되는 거 같아요."

"채윤이가 지금 여섯 살이죠?"

"네……."

그제야 나는 채윤이 엄마가 채윤이를 산만하게 느끼는 이유를 알 것 같았다. 채윤이 엄마는 어른의 기준으로 아이의 집중도를 평가한 것이다. 아이들이 집중할 수 있는 시간과 어른들이 집중할 수 있는 시간은 상당한 차이가 난다. 나이에 맞는 평균 집중 시간을 알고자 한다면, 나이에 1을 더해보면 된다. 즉, 여섯 살 아이는 집중 시간이 '7분'이 되는 셈이다.

그런데 채윤이 엄마는 마치 아이가 어른처럼 한 가지에 오랫동안 집중하기를 바라고 있었다. 채윤이가 아직 어리다는 사실을 간과한 것이다. 그래서 지극히 평범한 채윤이를 집중력이 떨어지는 산만한 아이로 생각했던 것이다.

채윤이 엄마와 같은 엄마들이 많다. 엄마의 눈에는 내 아이가 또래들에 비해 유난히 집중을 못하는 것처럼 보인다. 왜 그럴까? 바로 엄마의 조급한 마음 때문이다. 엄마가 아무리 내 아이가 또래들보다 잘해주길 바란다고 해도 현실은 아직 한 가지 일에 7분도 집중하기 힘든 '아이'라는 것을 잊어선 안 된다.

채윤이는 지극히 평범한 아이지만, 또래들에 비해 집중력이 상당히 떨어지는 아이들이 분명히 있긴 있다. 수업 시간에 1분도 가만히 있지 못하고 몸을 꿈틀댄다거나, 책을 읽으려고 책상에 앉았다가도 한 장도 넘기지 못하고 책상 위의 다른 물건으로 놀거리를 생각하는 아이들이다. 이 아이들이 산만하고 집중을 하지 못하는 원인은 무엇일까? 그 이유에는 여러 가지가 있지만 그중에서 세 가지를 꼽아보면 다음과 같다.

첫째, 아이가 흥미를 느끼지 못할 경우

'왜 우리 아이는 집중을 못 하지? 왜 이렇게 산만하지?' 이렇게 생각하기 전에 '우리 아이가 혹시 언어 쪽에는 흥미가 없나?' 하고 생각해볼 필요가 있다. 나 역시 음악 수업을 하다 보면 아이들의 흥미도에 따라 집중도가 달라지는 것을 경험한다. 그럴 때마다 새로운 음악으로 호기심을 불러일으킨다. 그러면 집중도가 떨어져 딴짓을 하던 아이들이 눈을 반짝거리며 열심히 따라온다.

아이를 관찰하다 보면 유난히 흥미 있고 좋아하는 분야에서는 한 시간 이상 집중하는 모습을 볼 수 있다. 그 분야는 아이에게 있어 가장 호기심이 느껴지고 재미있는 분야라고 생각하면 된다. 아이들은 자신이 좋아하는 분야에선 절대 산만해하거나 지루해하지 않는다. 오히려 시간 가는 줄 모르고 빠져든다.

둘째, 아이가 정서적으로 불안한 경우

어른도 어떤 불안 요소로 인해 정서적으로 힘들다면 지금 하는 일에 온전히 집중할 수 없다. 아이도 마찬가지다. 정서적으로 불안하게 하는 요소가 있다면 해결해야 한다. 불안 요소가 사라질 때 아이의 집중도는 자연스레 높아진다.

셋째, 생각이 많은 경우

생각이 많은 아이들은 다른 아이들에 비해 산만하게 비춰진다. 이런 아이들은 5분 내외로 짧게 집중할 수 있는 놀이를 하면 집중력 향상에 도움이 된다. 다른 생각을 하기에도 짧은 시간에 놀이에 온전히 집중하게 함으로써 집중력을 높여가는 것이다.

어른의 관점에서 내 아이가 집중력이 높으니, 낮으니 판단해선 안 된다. 나는 부모들에게 아이의 집중력을 판단하기 전에 먼저 부모인 자신의 집중력부터 판단해보라고 말한다. 그러면 더 이상 아이에게 집중력에 대해 언급을 하지 않게 되기 때문이다. 내 아이는 어른이 아니라는 것을 인지해야 한다.

단 5분이라도 아이가 집중해서 무언가를 한다면, 그 아이는 집중력을 제대로 발휘하고 있는 것이다.

요즘 아이들은 자신의 의지와 상관없이 무엇이든 너무 쉽게, 너무 다양하게 이것저것 많이 경험해볼 수 있게 되었다. 그렇다 보니 웬만한 것에는 호기심이 발동하지 않는다. 그런데도 부모들은 "왜 너는 관심이 없니", "집중력이 부족하니" 하고 다그치기만 한다. 그러면서도 간혹 아이가 엄마에게 당황스러운 질문을 하면 대다수의 엄마들은 "넌 몰라도 돼", "크면 자연스레 알게 돼" 하고 호기심의 싹을 싹둑 잘라버린다. 이제는 아이의 질문에 "왜 그럴까?", "왜 그런 생각을 하게 되었을까?" 하고 관심을 드러내 보자. 그렇게 아이와 함께 답을 찾아가다 보면 아이의 호기심은 커져 집중력 역시 높아지게 된다.

내 아이가 산만하다고 다그치거나 화내선 안 된다. 그럼 오히려 집중력이 떨어진다. 아이의 산만함을 호기심으로 바꾸어주자. 호기심이 커질수록 아이의 집중력은 높아져 자연스레 산만함은 사라지게 된다. 또한 아이는 호기심이 클수록 여러 발상을 해볼 수 있고, 나아가 세상을 바라보는 시야 또한 넓어진다는 것을 기억하자.

아이의 집중력을 높여줄 수 있는 방법들

시각 집중력

아이에게 다양한 책을 보여주거나, 아이가 처음 보는 동물, 식물 등으로 호기심을 자극하자. 호기심을 자극해주면 산만하던 아이들도 집중력이 생길 것이다. 아이가 흥미 있어 하는 분야도 찾을 수 있으니 일석이조다.

청각 집중력

음악을 들려주거나 다양한 악기를 함께 연주하는 시간을 가져보자. 아이와 함께 악기 박물관 혹은 소리 박물관을 가보는 것도 좋다. 아이와 함께 처음 경험하는 악기를 만져보고 연주해보면서 아이의 흥미를 불러일으키는 것이다. 또한 재즈, 클래식, 민속음악, 자연의 소리 등 많은 소리를 들려주는 것도 집중력 향상에 도움이 된다. 간혹 아이와 나이가 비슷한 또래들이 연주하는 영상을 함께 보는 것도 좋겠다.

촉각 집중력

촉각이 좋은 재료들(두부, 설탕, 소금, 밀가루 등)로 아이와 함께 놀이를 해보자. 평소에는 엄마만의 재료였지만 오늘만큼은 아이가 마음껏 만져보고 상상력을 펼칠 수 있도록 도와주자. 엄마와 함께 요리를 해보는 것도 좋다. 미처 몰랐던 내 아이의 무한한 집중력을 보게 될 것이다.

08

말을 더듬는 아이_
지적하거나 야단치지 마라

"엄마, 저기 그거…… 반, 반탄통요……."

"태영아, 반탄통이 아니고 반찬통. 더듬거리지 말고 다시 한 번 말해봐."

"……."

여섯 살인 태영이는 말을 많이 더듬는 편이다. 그래서인지 또래들에 비해 자신감이 부족하다. 먼저 표현하기보다 누군가 물어보면 마지못해 대답하는 식이다. 그런 태영이를 보며 엄마는 이렇게 말한다.

"태영아, 괜찮아. 편하게 말해봐. 엄마가 들어줄게."

그러나 막상 태영이가 더듬거리며 말하면 엄마는 틀린 부분을 지적하고는 다시 제대로 말해보라고 한다. 그런 엄마 앞에서 태영이는 주눅이 들어 점점 더 말을 더듬고 실수를 한다.

수호 엄마 역시 아이의 말더듬증 때문에 고민이다. 수호 엄마는 상담하는 내내 땅이 꺼져라 한숨을 내쉬었다.

"작년 어느 날부터 갑작스런 말더듬증이 있었어요. 처음에는 걱정은 했지만 유치원 선생님도 그렇고 주변 지인분들도 그러다 나아지니 기다려보라고 해서 무심코 넘어갔었죠. 그런데 말더듬증이 한 달이 지나고 두 달이 지나도 고쳐지지 않고 계속되었어요. 오히려 더 심해지고 있는 것 같아요."

말을 더듬는 것은 말을 할 때 시기와 리듬이 부적절한 패턴으로 나타나는 일종의 유창성 장애다. 첫 말을 반복하거나 말이 막혀서 다음 말로 진행이 안 되는 경우, 한 음을 길게 끌어서 다음 음으로 연결하는 데 어려움을 겪는 것을 말한다. 보통 말을 시작하는 2~4세에 많이 나타나는데, 대부분 성장하면서 자연 치유가 되는 경우가 많다. 하지만 이 가운데 37%는 어른이 되어서도 말더듬증이 계속된다고 한다.

만일 내 아이가 어느 날 갑자기 말을 더듬게 된다면 어떨까? 모든 엄마들은 화들짝 놀랄 것이다.

"우리 아이가 왜 말을 더듬지? 이러다 진짜 말더듬이로 자라는 거 아니야? 안 되겠다. 빨리 고쳐줘야지. 아님 큰일 나겠어."

아이가 말을 더듬는 것을 보면 마치 하늘이 무너진 듯 걱정한다. 내 아이 앞에 힘든 인생이 예고되어 있는 듯 여겨지기 때문이다. 그래서 답답한 마음에 아이가 말을 더듬을 때마다 야단치게 되고 더듬는 말 하나하나를 지적하며 가르치게 되는 것이다.

그러나 아이를 야단치거나 지적할수록 말더듬증은 더욱 심해진다. 심리적으로 위축되기 때문이다. 따라서 지금부터는 아이의 입장에서 공감해주는 대화를 해야 한다.

“엄마, 내, 가 그, 장난, 감을 태, 태, 태진이한테 빌, 빌려줬, 어…….”

“그랬구나. 태진이가 좋아했겠구나. 잘했어. 친구에게 양보하는 거, 멋진 행동이야.”

“응, 그, 런데 나, 나, 도 태진이 장, 난, 감 가지고 놀고 싶었는데, 태, 태진이, 는, 안, 안 빌려, 줬어…….”

“태진이가 우리 현수한테는 장난감을 빌려주지 않았구나. 그래서 현수가 속상했구나?”

현수 엄마는 현수가 말을 더듬거나 천천히 말해서 답답하더라도 언제나 현수의 말을 경청해준다. 그리고 맞장구를 쳐주면서 현수가 편안하게 말할 수 있도록 도와준다. 엄마의 이런 노력으로 처음에 심하게 말을 더듬던 현수는 지금은 거의 어려움 없이 자연스럽게 말할 수 있게 되었다.

나는 말을 더듬는 아이에게 야단치거나 하나하나 지적하면서 가르치는 엄마들에게 이렇게 조언한다.

"아이가 말을 더듬어도 중간에 아이의 말을 자르거나 더듬는 단어 하나하나를 지적하기보다 아이가 편안하게 말할 수 있는 분위기를 만들어주세요. 아이의 말을 지적하거나 야단칠수록 아이는 더욱 말을 더듬게 됩니다. 사실 더 답답하고 힘든 사람은 엄마보다 말을 더듬는 당사자인 아이라는 것을 잊어선 안 됩니다."

말을 더듬는 우리 아이에게 어떤 방법이 도움이 될까? 다음 네 가지를 참고해보자.

첫째, 아이의 이야기에 귀 기울이기

아이들은 부모가 자신의 이야기를 건성으로 듣는지, 진지하게 듣는지 다 알고 느낀다. 따라서 아이와 대화할 때 부모는 아이의 말에 경청해야 한다. 사실 아이들은 어른보다 더 예민하게 상대방의 태도를 감지할 수 있다. 아이의 말을 쉽게 알아듣지 못하더라도 끈기 있게 끝까지 들어줘야 한다.

둘째, 아이에게 말할 때 분명하고 간단하게 이야기하기

아이들이 가장 먼저, 가장 쉽게 모방하는 언어가 부모의 언어다. 부모가 어떠한 언어를 쓰는지에 따라서 아이의 언어도 결정된다. 아이의 언어 전달력을 향상시키기 위해선 다음 세 가지를 기억해야 한다.

① 최대한 또렷하게

② 천천히

③ 간단하게

아이들이 유치한 수준으로 이야기를 한다고 해서 엄마도 똑같은 수준으로 이야기해선 안 된다. 그러한 방법은 아이의 언어 발달에 도움이 되지 않는다.

셋째, 재미있게 책 읽어주기

아이에게 들려줄 동화책을 혼자서 먼저 읽고 난 후 주인공과 등장인물을 파악해서 목소리를 다르게 연출해서 읽어주자. 동화 구연의 효과는 실로 크다. 그냥 읽어주는 것과는 달리 아이에게 강한 호기심과 흥미를 유발하기 때문이다. 아이가 자연스레 이야기에 빠져들어 자꾸만 엄마가 읽어주는 동화를 듣고 싶어 할 것이다. 그때에 아이에게 그림을 하나씩 보여주면서 상황을 말해주고 아이에게 따라 하도록 하는 것이 바람직하다. 아이의 말 더듬증 개선에 많은 도움이 된다.

넷째, 아이가 말하는 것 자체를 즐길 수 있도록 도와주기

아이가 말을 더듬더라도 말하는 것 자체를 즐길 수 있도록 도와주자. 말하는 것을 좋아하게 되면 자연스럽게 말 더듬는 빈도가 줄어들면서 고쳐진다.

218

‘경영의 귀재’로 불리는 GE 전 회장 잭 웰치. 그는 어린 시절 심하게 말을 더듬었다. 친구들이 그를 놀릴 때마다 그의 어머니는 늘 “네가 말을 더듬는 이유는 생각의 속도가 너무 빨라 입이 그 속도를 따라주지 못하기 때문이란다. 그러니 조금도 걱정하지 마라. 너는 자라서 큰 인물이 될 거다”라고 수시로 격려했다고 한다. 이후 그는 말 더듬는 것을 부끄럽게 생각하지 않게 되었고, 자신감을 얻게 되었다. 지금 그는 세계적인 경영자이자 명연설가로 이름을 높이고 있다.

아이가 말을 더듬을 때 아이를 다그치거나 야단치지 말자. 그 대신 누구보다 답답하고 힘든 아이의 마음을 보듬어주자. 아이가 세상에서 가장 신뢰하는 사람은 엄마다. 따라서 아이는 자신의 말을 끝까지 경청해주는 엄마의 모습을 보면서 말을 함에 있어 자신감을 가지게 된다. 그리고 시간이 지나면서 말을 더듬는 횟수가 줄어들게 된다.

만일 아이의 말더듬증이 시간이 지나도 지속되면 심리적인 부담감 및 불안감으로 인한 스트레스로 학교생활이나 친구 관계에 지장을 초래할 수 있다. 훗날 사회생활에도 영향을 미칠 수 있는 만큼 병원이나 관련 기관에서 적극적인 언어 치료를 해야 한다.

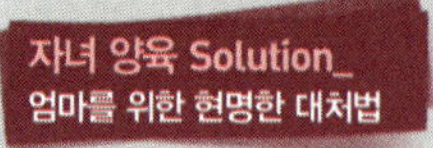

자녀에게 줄 수 있는
세 가지 위대한 선물

부모에게 있어 세상에서 가장 소중한 존재는 누구도 아닌 자녀다. 금은보화보다도 더 귀하다. 생명을 주어도 아깝지 않을 귀한 아이에게 다음 세 가지 위대한 선물을 해주자. 훗날 세상에서 홀로서기를 할 때 든든한 지지대가 되어줄 것이다.

첫째, 미소

웃는 얼굴에 침 못 뱉는다는 말이 있다. 미소가 아름다운 사람은 주위 사람들까지도 행복하고 기분 좋게 만든다. 그래서 밝게 웃는 사람에게는 긍정적인 에너지가 넘친다. 그러니 어떤 일을 하든 잘될 수밖에 없는 것이다.

아이에게 '미소'를 선물하는 방법은 간단하다. 아이와 가장 가까운 엄마 아빠의 얼굴에 미소가 가득하면 아이는 늘 밝은 미소를 머금는 천사가 된다.

둘째, 사랑

아이가 자신을 사랑하고 이웃을 사랑한다면 행복한 인생을 살아갈 수 있다. 사랑이 많은 아이로 키우기 위해선 어릴 때부터 아이에게 깊고 풍성한 사랑을 느낄 수 있게 해줘야 한다. 무조건적인 사랑을 주되, 아이를 믿어주고, 늘 파이팅을 외쳐주며, 잘못한 점은 바로 잡아줄 수 있는 현명한 사랑을 아이에게 선물하자.

셋째, 나눔

내 것을 남과 나누는 것은 생각보다 어렵다. 그래서 대부분의 사람들이 내 것을 남들과 나누는 데 있어 인색하다. 우리가 타인과 나눌 수 있는 것은 생각보다 많다. 굳이 재물이 아니어도 내가 가진 시간과 재능 등이 모두 귀하게 쓰인다. 내가 가장 기쁘게 나눌 수 있는 것으로 이웃에게 베푼다면 삶의 행복은 배가 될 것이다.

내 아이가 어릴 때부터 나눔을 생활화한다면 보다 따뜻하고 행복한 인생을 살아가게 된다. 나눔을 통해 세상을 얼마든지 아름답게 만들어갈 수 있다는 것을 알도록 지금부터 아이에게 나눌수록 커지는 기쁨과 행복에 대해 가르쳐주자. 그러려면 먼저 부모가 작은 것부터 나누는 모습을 보여주어야 한다.

내 아이를 위한 위한 음악 코칭

01

제멋대로
행동할 때

"밥 먹고 놀아!"

"조금 조용히 하자. 소리 지르면 안 돼!"

"여기에서는 자동차 놀이를 할 수 없어요!"

누구나 한 번쯤 어디에선가 들어보았을 법한 말들이다. 특히 가족 단위로 아이들과 함께 식당을 찾은 손님들의 테이블에서 자주 들린다. 아이들이 제멋대로 뛰어다니거나 소리를 지르거나 눈살 찌푸릴 만큼 크게 떠드는 일은 공공장소에선 심심찮게 보게 된다.

이럴 때 어쩐 일인지 아이가 공공장소의 질서에 어긋나는 행동을 하는데도 전혀 개의치 않는 엄마가 있고, 너무 당황한 나머지 어쩔 줄 몰라 하는 엄마가 있다. 사실 모든 엄마들은 많은 사람들이 있는 곳에서 아이가 제멋대로 행동할 때 가장 당혹스럽다. 화가 난 나머지 그 자리에서 아이를 때리거나 심하게 야단치면 오히려 역효과를 낳기 때문이다.

물론 아이의 입장에선 어떤 장소에서건 놀고 싶은 마음은 당연하다. 하지만 언제 어디에서나 마음껏 놀 수 있는 건 아니지 않은가. 때와 장소에 따라서 아이가 어른의 말을 듣지 않고 제멋대로 행동할 때에는 엄마의 제재가 필요하다.

세상의 모든 아이들은 말썽꾸러기다. 그래서 아이는 자기가 하고 싶은 대로 무조건적으로 하려고 할 때가 있다. 물론 자유분방한 태도가 큰 장점이 될 수도 있다. 하지만 예의, 공공질서 등 우리가 살아가면서 지켜야 할 규칙, 규범이 있는데 그런 것들을 모두 무시하고 제멋대로 행동할 때에는 엄마 아빠가 나서서 아이를 관리해주고 아이에게 올바르게 행동하는 법을 알려줘야 한다. 내 자식이 귀하다고, 아니면 귀찮다고 그냥 지나쳐 버리면 아이의 인성은 삐뚤어지게 된다. 그 결과 학교생활을 하거나 사회생활을 할 때 사람들로부터 외면당하는 왕따로 전락할 수도 있다.

여섯 살 지윤이 엄마의 하소연이다.

"원장님, 우리 아이가 너무 제멋대로 하려고만 해요. 평소에는 야단도 치고 꾸짖기도 하는데 집에 손님이 계실 때는 너무 당황스러워요. 큰소리를 낼 수도 없고 못 본 척 무시할 수도 없고 정말 힘들어요."

여기서 한 가지 생각해볼 게 있다. 평소 여러분은 지윤이처럼 아이가 자기 마음대로 행동할 때 어떤 반응을 보이는가? 아마 꾸짖고 야단치거나, 더 시끄러워질까 봐 그냥 넘겨버리거나 할 것이다. 하지만 지금까지 해왔던 방법 말고 조금 색다른 방법으로 아이에게 다가가 볼 필요가 있다. 이제부터는 다른 방법으로 아이를 도와주자.

아이에게 뭐든 다 마음대로 할 수는 없고 때론 참고 기다려야 하는 일이 있다는 것을 지금 알려주지 않으면 안 된다. 나중에 커서 고쳐주려고 했다가는 너무 늦어버린다. 늦는 만큼 아이와 엄마 모두 힘들어진다.

아이가 제 마음대로 모든 것을 다 하려고 할 때 어떤 음악 놀이가 도움이 될까? 내가 운영 중인 소리노리연구소에서 진행하는 스킬을 소개하겠다.

규칙에 맞추어 악기 연주 : 앙상블

노래에 맞추어 아이와 함께 악기 연주를 하거나 게임 활동을 진행한다.

게임을 통해서 규칙을 정하고 그 규칙을 지켜야 한다는 것을 아이가 자연스레 터득할 수 있게 한다. 제멋대로 했을 경우 벌칙을 준다.

1단계

아이의 연령이 낮을 때 가장 쉽게 할 수 있는 곡은 〈그대로 멈춰라〉다. 그 노래를 "즐겁게 연주하다가 그대로 멈춰라!" 이런 식으로 가사만 조금 바꾸어서 불러주며 함께 악기 연주를 해보자.

아이의 연령이 높아진다면 신 나는 동요를 틀어놓고 함께 악기 연주 혹은 모션으로 활동을 해보자. 엄마의 신호에 따라 악기를 연주하다 멈춘다거나 혹은 일어나서 연주하다 숨어 버리는 등 아이가 좋아하는 다양한 활동을 짜서 놀아주자. 반드시 규칙을 정해서 '꼭 지켜야 하는 것'이 있다는 걸 알려주는 것이 바람직하다.

2단계

1단계가 어느 정도 훈련이 되었다면 조금 더 디테일하게 진행하자. 노래 한 곡이 바뀔 때(혹은 1절이 끝난 후, 더 나아가 집중력이 높아져 규칙을 정확히 지킬 수 있게 되면 한 프레이즈마다) 엄마와 아이의 악기를 바꾸어 연주해보는 것이다. 놀이에 규칙이란 걸 정해놓았기 때문에 제멋대로 행동할 수 없다는 것을 아이가 자연스럽게 터득하게 된다. 음악 놀이로 내 아이를 더욱 건강한 마인드를 가진 아이로 키울 수 있다.

3단계

말하지 않아도 알게 되는 단계다. 그전까지는 엄마가 "이제 바꾸자", "음악이 바뀐 것 같은데?" 등 아이에게 말로 신호를 주어 알려주었다면 이제부터는 알려주지 않는 것이다. 3단계에선 아이는 엄마가 일일이 알려주지 않아도 스스로 규칙을 생각해내게 된다. 엄마는 음악 놀이를 하는 아이를 지켜보면서 추임새만 넣어주면 된다.

이처럼 노래 한 곡으로도 아이는 '규칙'을 지키며 활동하는 법을 자연스레 배울 수 있다. 아이가 제멋대로 행동한다고 해서 평소에 너무 강압적으로 제재하거나 소리 지르거나 윽박질러선 안 된다. 그럴 경우 아이에 따라 소심하거나 소극적인 아이로 자라거나 더욱 삐뚤어질 수 있다. 이제 아이도 하나의 인격체로 봐주는 엄마의 자세가 필요하다. 관점만 바꾼다면 얼마든지 엄마와 아이가 부딪치지 않고도 좋은 방법으로 아이를 달라지게 할 수 있다.

02

산만해서 집중력이 부족할 때

"제발 이것저것 다 꺼내서 늘어놓지 좀 마! 한 가지만 집중해서 해! 애는 누굴 닮아서 이렇게 산만할까?"

현우네 집에 가면 자주 듣는 말이다. 현우는 무엇을 하든 집중력이 상당히 짧은 편이었다. 집에서도 이곳저곳 돌아다니며 조금씩 어지럽혀놓기 일쑤였다. 그러다 보니 현우 엄마는 자꾸만 잔소리를 하게 되고, 그 잔소리가 현우를 더 산만하게 하는 것 같아 보였다.

"원장님, 우리 현우 때문에 걱정이에요. 매사에 너무 산만한 것 같아요. 뭘 하든지 집중을 못 하고 이것 조금, 저것 조금 하며 늘 어지럽히기만 해요. 아이의 산만함을 줄여주는 방법 없을까요?”

나는 현우 엄마에게 현우가 산만하다고 야단치기보다 그 원인을 먼저 파악해보라고 조언했다. 원인을 알아야 그런 요소들을 하나둘씩 없애줌으로써 집중력을 높일 수 있기 때문이다.

“아이의 산만함은 부모의 성향이나 스타일과 무관하지 않습니다. 엄마나 아빠가 조금이라도 산만한 성향을 가졌다면 현우의 지금 모습은 어쩌면 지극히 당연하다고 할 수 있습니다. 현우가 집중하지 못하고 산만하다고 해서 꾸짖기보다 현우의 편에서 도움을 주도록 해야 합니다.”

나는 산만하거나 집중력이 낮다면 잔잔한 음악으로 아이의 마음을 다잡아 줄 것을 권한다. 산만하고 집중력이 부족하다는 것은 아이의 마음이 불안정하다는 뜻이다. 아이의 마음을 자연스럽게 잡아주는 것이 급선무다.

나는 다음의 방법을 추천하고 싶다. 먼저 집안 분위기를 음악으로 자연스럽고 편안하게 만들어주는 것이다. 아이가 아침에 눈을 떴을 때 귀에 전달되는 소리가 TV 소리가 아닌 잔잔하고 기분 좋은 음악 소리라면 아이 자신도 모르게 마음이 안정된다. 그런 안정된 마음의 조각들이 하나하나 모여서 아이의 성향으로 자리 잡혀 가는 것이다.

그렇다면 어떤 소리가 아이의 마음을 안정시키는 데 도움이 될까?

특히, 폭포 소리, 물소리를 들으면 사람의 마음이 안정된다. 어렵고 힘든 일이 있을 때, 혹은 마음이 복잡할 때 바다에 가서 바다를 바라보는 것과 비슷한 맥락이라 할 수 있겠다.

아침에 일어날 때는 숲에서 지저귀는 새소리도 좋겠다. 자연의 소리는 스트레스를 낮춰주고 심신을 편안하게 해주니 말이다. 하루를 평안하고 안정된 마음으로 시작한다면 아이의 산만함은 자연스레 사라질 것이다.

아이와 함께 클래식 음악을 들어보자. 반복적으로 들려오는 멜로디가 있을 것이다. 그 멜로디가 곡의 주제 선율이다. 아이와 함께 주제 선율이 나올 때 특별한 활동을 해보는 것이다. 아이의 집중력이 자연스레 향상될 것이다.

주제 선율이 뚜렷한 몇 곡을 소개하겠다.

〈뻐꾸기 왈츠〉 / J. E. 요나손

아이와 함께 듣기 좋은 곡이다. 이야기를 연상시켜서 도입하기도 편할뿐더러, 계속적으로 "뻐꾹"으로 들리는 멜로디가 나오므로 귀에 쉽게 익고 함께 활동해보기도 쉽다. "뻐꾹" 소리가 나올 때 아이의 이름을 넣어서 노래로 불러주자.

주제 선율이 나올 때 아이와 이런 놀이를 해보자.

－숨바꼭질 놀이

"성은", "성은", "성은이를 찾아요"

주제 선율이 나올 때 엄마는 아이를 찾으러 다닌다. 혹은 아이와 함께 주제 선율이 나올 때 뻐꾸기를 찾으러 다니는 동작을 해보자.

〈호두까기 인형(op, 71a-2번 행진곡)〉 / 차이콥스키

이 곡은 「호두까기 인형」 동화를 들려준 다음에 음악을 함께 들으며 연상하면 좋다. 아이와 함께 주제 선율에 맞추어 씩씩하게 행진해보자.

〈라데츠키 행진곡〉 / 요한 슈트라우스

아이와 함께 리본 막대 혹은 스카프를 준비하여 함께 표현해보자. 음악에 맞추어 자유롭게 묘사해보는 것이다.

이 외에도 많은 곡이 있다. 평소에 엄마가 좋아하는 곡이나 귀에 익숙한 곡 위주로 음악을 다시 한 번 들어본 다음 아이와 함께 주제 선율에 맞추어 활동 놀이를 해보자. 자연스레 산만함이 줄어들고 집중력은 높아질 것이다.

학기 초
자주 **불안해**할 때

'우리 아이가 학교에서 무슨 일이 있었나?'

'새로운 유치원에서 적응하기가 힘든가?'

'요새 들어 짜증이 늘었네?'

'요즘 표정이 이상한데?'

학기 초가 되면 엄마들이 근심 가득한 얼굴로 소리노리연구소에 상담을 요청해 온다.

"우리 아이가 요즘 이상해요."

"왜 그럴까요?"

"무엇이 문제일까요?"

다양한 질문들이 쏟아져 나온다. 그 질문의 공통된 점을 조합

해보면 "아이가 자주 불안해하는 것 같다"는 것이다. 나는 먼저 어머니들에게 당부의 말을 전한다. 아이가 불안해 보인다고 덩달아 엄마까지 불안해하면 안 된다는 것이다. 엄마가 불안해하는 것을 아이가 느끼게 되면 아이의 불안감은 걷잡을 수 없이 커지기 때문이다.

학기 초 아이가 자주 불안해하거나 초조해하더라도 엄마까지 함께 그런 모습을 보여선 안 된다. 엄마의 올바른 마인드 컨트롤이 불안해하는 아이의 마음을 안정시켜줄 수 있다.

아이가 불안해할 때는 먼저 아이가 느끼는 긴장감을 풀어주기 위해 노력해야 한다. 언제라도, 무슨 일이 있더라도 항상 너의 편이 있다는 것을 알려주며 아이에게 든든한 버팀목으로 인식이 되어야 아이의 불안한 감정은 줄어들게 된다.

아이가 느끼는 긴장감이 심해지면 공포가 될 수도 있다. 그렇게 되면 아이는 더욱더 소극적이고 자신 없어 하는 모습을 보이게 될 것이다. 그 전에 엄마가 먼저 아이의 상태를 잘 파악해서 도와주어야 한다.

학기 초에 아이가 자주 불안해한다면 영혼까지 자유로운 음악인 재즈를 함께 들어보면 어떨까? 요즘 CF나 카페에서 재즈 음악을 자주 들어보았을 것이다. 우리가 쉽게 접할 수 있는 곡들도 있고 재즈 콘서트나 재즈 바에 가야 들을 수 있는 정통 재즈곡들도 있다.

간단히 재즈 음악을 소개하자면 재즈는 1890년대 미국 뉴올리언스에서 시작되었다. 곡의 멜로디와 반주에 자유스러움을 부여하는 스타일이 유행을 타기 시작하면서 재즈가 탄생한 것이다.

아이와 함께 자유스러운 리듬에 몸도 마음도 내려놓자. 알게 모르게 경직돼 있던 몸도 긴장이 풀어지고 무거웠던 마음까지도 자유스러워지는 것을 함께 느껴보길 바란다.

요즘은 재즈 페스티벌이 곳곳에서 꽤 자주 열리고 있다. 보통 여름 혹은 가을에 재즈 축제가 많은데, 학기 초가 아니더라도 기회를 만들어 한 번쯤은 아이와 함께 축제를 즐겨보자. 생활 속에서 느꼈던 긴장감을 해소해주고 여유로운 자유스러움을 아이에게 선사해줄 수 있다.

불안하고 초조해하는 아이들을 대상으로 소리노리연구소에서는 다음과 같은 솔루션을 제공한다. 내 아이가 자주 불안해하거나 초조해한다면 다음의 솔루션을 활용해보길 바란다.

긴장을 푸는 데 노래 부르기만 한 것이 없다. 아이와 함께 부를 수 있는 노래를 찾아서 불러보자. 짧은 동요도 좋고 아이가 평소 좋아하는 만화영화 주제가도 좋다. 노래가 끊이지 않는 아이는 밝고 긍정적으로 자랄 확률이 높다.

원곡의 노랫말 대신에 새롭게 가사를 만들어서 불러보는 것이다. 아이의 불안감을 낮추는 데 도움이 될 뿐만 아니라 창의력을 키우는 데도 도움이 된다.

예를 들어, "나비야 나비야 이리 날아오너라 노랑나비 흰나비 춤을 추며 오너라"라는 노랫말이 있다. 이 노래를 아이와 함께 가사를 새로 지어서 불러보는 것이다.

"엄마는 성은이 정말 사랑합니다 성은이도 엄마를 정말 사랑합니다" 이렇게 간단하게 가사를 바꿔서 즐겁게 불러보자. 엄마와 함께 개사한 가사로 노래를 부름으로써 아이는 불안한 감정을 털어내는 것은 물론 창의력·언어력·기억력 등 많은 부분에서 도움을 받을 수 있을 것이다.

국내 재즈 페스티벌 소개

① 자라섬 국제 재즈 페스티벌

대한민국 음악 페스티벌의 원조, 아시아 재즈의 원조라고 할 수 있다. 2004년을 시작으로 매년 가을 경기도 가평에 위치한 자라섬에서 열린다. 화려한 라인업을 자랑하며 잔디밭에서 자유롭게 즐길 수 있는 매력적인 페스티벌이다.

② 칠포 국제 재즈 페스티벌

매년 여름 경상북도 포항에서 열리는 재즈 음악 축제다. 2007년을 시작으로 지금까지 이어져 오고 있으며 매년 달라지는 주제와 함께, 국내뿐 아니라 세계적인 아티스트들이 대거 참여 해오고 있다. 푸른 바다와 별을 보며 재즈를 느낄 수 있는 페스티벌이다.

04

사소한 말에
쉽게 상처받을 때

"우리 지인이 앞에서는 말조심해야 돼요. 사소한 말에 너무 쉽게 상처를 받아서 속상하다니까요."

"우리 애는 왜 저렇게 마음이 여린지 모르겠어요. 별 뜻 없이 하는 말에 툭하면 상처받아서 삐치고…… 정말 속상해요."

"며칠 전에는 별생각 없이 말했다가 풀어준다고 얼마나 고생했는지 몰라요. 에휴~!"

소극적인 성향의 지인이. 엄마는 적극적이고 당차고 야무진 모습을 간절히 기대하지만 지인이는 항상 조심스럽고 기가 죽어 있다. 아니나 다를까 동네 어른들이나 친구들이 하는 사소한 말에 쉽게 상처를 받는다. 그래서 지인이 엄마는 유난히 마음이 여린 지인이를 볼 때마다 마음이 아프다고 말한다.

나는 그런 지인이를 보며 매사에 조금 더 자신감을 가질 수 있도록 돕고 싶었다. 먼저 자존감을 높여주는 데 중점을 두었다. 자존감이 높아져야 자신을 아끼고 사랑하며 다른 사람들의 말에 쉽게 흔들리지 않기 때문이다.

소리노리연구소에서 지인이에게 다음 두 가지 케어를 진행했다. 내 아이가 평소 사소한 말에 쉽게 상처받는다면 다음 방법을 활용해보길 바란다.

첫째, 아이의 감정 조절 능력 키워주기

친구들과 재미있게 놀다가도 아이들은 언제 그랬느냐는 듯 다투기도 한다. 서로 다른 성향을 가진 친구들이 많이 모이다 보면 말다툼을 하거나 의견 차이로 편이 갈리는 것이다. 그런 자연스러운 상황에서도 소극적인 아이는 다른 아이들보다 상처를 쉽게 받고 감정적으로 힘들어할 수 있다. 그런 일이 계속되면 점점 더 소극적인 성향의 아이로 성격이 굳어지게 된다.

아이에게 감정 조절 능력을 키워주자. 자신의 감정을 컨트롤할 수 있게 되면 사소한 말에 쉽게 상처를 받지 않는다. 혹 상처를 받았더라도 그 상처를 뛰어넘을 수 있는 자존감이 형성되어 있으므로 금세 잘 이겨낸다. 또한 이해심이 커져 다른 사람을 아우를 수 있는 넓은 마음까지도 생기게 된다.

아이가 사소한 일에 쉽게 상처를 받을 때 '괜찮아, 그럴 수도 있어' 하는 마음을 가지도록 하자. 이런 마음은 아이에게 여유를 가져다준다. 마음의 여유가 있을 때 상대의 말에 화가 나거나 기분이 나빠지는 일이 적어진다. 그러기 위해선 주위에서 자주 아이에게 긍정적인 말, 격려의 말을 해주어야 한다.

"괜찮아, 할 수 있어. 엄마는 우리 아들(딸) 편이야."

"실수할 수도 있는 거야. 그럴 수도 있는 거야. 괜찮아."

이런 말을 자주 들려주면 자연스레 아이에게 '괜찮아' 하는 마음이 자리 잡게 된다. 나중에 어떠한 문제가 생겨도 쉽게 상처받기보다 '괜찮아, 그럴 수도 있지 뭐' 하며 대담하거나 시원한 성격을 가지게 된다. 여유로운 마음을 가진 아이, 마음이 단단한 아이가 되는 것이다.

소극적인 아이에게는 어떤 음악을 들려주면 도움이 될까? 적극적이고 밝고 경쾌한 음악을 자주 들려주자. 비교적 익숙한 노래 몇 곡만 소개하겠다.

〈사계 '봄' 1악장〉 / 비발디

봄의 활기찬 이미지를 떠올릴 수 있는 곡이다. 솔로 바이올린, 첼로, 비올라 같은 현악기로 많이 연주되었다.

〈카르멘 서곡〉 / 비제

오페라 〈카르멘〉은 사랑이든 일이든 극단적으로 자유로운 아름다운 여인 카르멘에 관한 이야기다. 〈카르멘 서곡〉은 아주 밝고 경쾌한 곡이다.

소극적인 아이일수록 마음에 스트레스가 쌓여 있을 가능성이 높다. 아이들도 어른들과 똑같이 스트레스를 받는다. 우리 어른들은 스트레스를 푸는 방법을 알고 있어서 수다를 떨거나 쇼핑을 하는 등 각자의 방법으로 스트레스를 해소한다. 하지만 아이들은 어른과 똑같이 스트레스를 받으면서도 그게 '스트레스'인지, 어떻게 푸는 것인지 전혀 모른다.

아이들의 스트레스를 해소하는 방법으로 〈난타〉 공연을 보러 가는 것을 추천하고 싶다. 〈난타〉 공연이야말로 아이의 스트레스를 해소하는 데 있어 제격이다. 아이의 머릿속에 있는 복잡한 생각과 스트레스들이 공연을 보는 동안 부서지고 깨지고 산산조각 나 사라지게 된다.

〈난타〉 공연은 특히 소극적인 아이에게 더욱 효과적이다. 소극적인 아이는 자신이 연주하기보다 다른 사람이 하는 연주를 보고 들으며 쾌감을 느낀다. 그러다 보면 어느 순간 아이가 스스로 난타 연주를 하길 원하게 되며 자신의 감정을 조절할 수 있는 능력도 기르게 된다.

우리 아이가 사소한 말에 쉽게 상처받지 않게 하기 위해 노력하는 것과 동시에 아이의 마음을 단단하게 성장시켜주기 위해 세심한 관심을 가져야 한다.

05

시험 때만 되면
불안해할 때

"우리 은경이가 시험 때만 되면 너무 예민해지고 겁을 먹어요. 그러다 보니 평소 실력 발휘도 못 하고…… 아이가 점점 더 불안해하는 것 같아요. 아이나 저나 스트레스를 많이 받고 있어요."

열 살 난 은경이 엄마의 말이다. 초등학생이 되면서 아이들은 수준과 실력을 평가하는 여러 시험을 접하게 된다. 어떤 아이는 테스트 과정을 조금 더 쉽게 받아들이지만, 어떤 아이는 그러지 못한다. 테스트 과정 자체를 즐기는 아이가 있는가 하면, '시험'이라는 단어 자체로도 심각하게 불안감을 느끼고 스트레스를 받는 아이가 있다.

사람은 누구나 긴장도 하고 불안한 감정을 가지기도 한다. 특히 학생 때에는 시험을 부담스러워하고 불안해하는 경향이 많다. 대부분 어릴 때부터 시험의 중요성을 인식했거나 시험 성적 때문에 야단을 맞은 경험이 있는 아이들에게서 시험에 대한 불안감이 더 두드러지게 나타난다.

얼마 전 소리노리터에 다니는 여섯 살 민경이 엄마가 나에게 상담을 요청해 왔다.

"민경이가 요즘 들어서 부쩍 유치원에 가기 싫어하고 불안해해요. 전에도 한 번씩 가기 싫어할 때가 있긴 했지만 그때는 그러려니 하고 달래서 보내기도 하고 그랬는데 요즘은 매일같이 가기 싫다고 떼쓰니 제 마음이 더 불안해요. 우리 민경이가 갑자기 왜 그럴까요?"

민경이는 다섯 살 때부터 영어 유치원에 다니고 있었다. 유독 적응을 못 하는 친구들도 있지만 민경이는 적응도 잘하고 엄마가 원하는 대로 영어 실력도 일취월장하고 있어서 만족하고 보내는 중이었다. 그런데 다섯 살 때와 여섯 살 때의 차이점이 있다고 했다. 여섯 살부터는 매일 영어 단어 시험을 본다는 것이다. 많은 숙제와 더불어 매일 단어 테스트를 받아야 하니 여섯 살 아이가 감당하기에 얼마나 긴장되고 부담이 되었을까?

또한 매일 보는 그 시험에서 같은 반 누구는 다 맞고, 누구는 하나 틀리고, 누구는 많이 틀리고 하는 식의 결과론적인 사고를 가지게 되어버리니 아이는 시험이 무섭고 불안하게 느껴진 것이다.

아이가 시험에 대한 공포를 느끼고 불안해할 때는 엄마의 믿음과 지지가 가장 큰 약이 된다. 엄마가 아이의 마음을 먼저 읽어주고 누구보다도 아이를 지지해주는 것이다.

혹 엄마도 불안한 감정을 느낄 수 있다. 하지만 절대로 아이 앞에서 '엄마도 불안한가 봐' 하는 느낌을 가지게 해선 안 된다. 말하지 않아도 아이는 가슴으로 엄마의 불안감을 느끼게 된다. 엄마의 불안감은 아이의 마음에 몇 배가 되어 전달되는 것이다.

아이가 시험 때 유독 많이 긴장하고 불안해한다면 어떤 방법으로 도움을 줄 수 있을까? 심장 박동 수보다 조금 느린 템포의 노래를 들려주자.

아이는 엄마 배 속에 있을 때부터 일정한 박자의 비트를 들으며 자란다. 그 일정한 비트는 바로 엄마의 심장 박동이다. 엄마가 흥분해서 심장이 빨리 뛰면 아기도 덩달아 빨리 뛰고 엄마가 마음이 평안하면 아이도 마음이 평안해진다. 태어난 지 얼마 안된 아기들이 심하게 울고 투정할 때 엄마나 아빠의 가슴에 안기면 울음이 그치고 쉽게 잠이 드는 이유가 바로 거기에 있다. 엄마 아빠의 평안한 심장 박동에 아기도 평안해지는 것이다.

아이에게 마음이 평안해지고 안정감이 있는 음악을 들려주도록 하자. 빠른 템포의 음악보다는 느린 템포의 곡이 좋겠다. 사람의 심장 박동 수가 평균적으로 1분에 60~90이므로 음악의 템포가 80 이하면 좋다.

도움이 되는 음악으로 다음과 같은 곡들을 추천한다.

〈달빛〉 / 드뷔시

아름다운 선율의 곡. 미국 네티즌들로부터 '세상에서 가장 아름다운 곡'으로 뽑히기도 했다. 영화 〈트와일라잇〉에서 사용되어 더욱 유명해진 곡이다. 피아노 연주, 바이올린 연주뿐 아니라 하프 연주도 좋으니 다양한 연주를 아이와 함께 들어보면 좋겠다.

〈녹턴 op.9-2 In E flat major〉 / 쇼팽

이 곡 역시 어디선가 자주 들어보았을 것이다. 섬세한 피아노 선율이 마음을 편안하게 해준다. '야상곡'이라는 뜻의 녹턴은 피아노 소품 양식으로 뚜렷한 형식은 없다. 주로 피아노를 위해 작곡된 작품을 말한다.

때로는 중음, 저음의 곡들을 들려주자. 중음 혹은 저음의 악기 소리를 들으면 마음이 더욱 편안해지므로 중음, 저음의 악기 소리를 접하게 해주면 도움이 된다.

그렇다면 들었을 때 편안한 악기 소리에는 어떤 것이 있을까? 줄을 이용해 연주하는 현악기로는 비올라, 첼로, 콘트라베이스가 있고, 호흡을 통해 연주하는 관악기에는 클라리넷, 트롬본, 호른 정도가 좋겠다.

특히 클라리넷은 관악기 중에서도 저음, 중음에서의 부드러운 음색과 편안한 소리를 느낄 수가 있다. 클라리넷은 음역에 따라서 음 빛깔이 바뀌는 매력을 지닌 악기다. 클라리넷 곡으로 모차르트의 〈클라리넷 협주곡 A장조 k.662〉를 추천한다.

비올라는 바이올린과 첼로 사이를 연결해주는 중간 역할을 하는 악기다. 바이올린 음역도 내고 첼로 음역도 내서 바이올린 곡과 첼로 곡이 모두 연주가 가능하다. 다만 음색과 깊이가 다르다. 유명한 곡으로 슈만의 〈아다지오 & 알레그로〉가 있다. 이 곡은 원래 호른 곡인데 바이올린이나 첼로로도 연주한다.

시험 때에는 누구나 불안감을 가질 수 있다. 아이에게 정서적으로 안정된 환경을 만들어주는 것이 바람직하다. 여기에다 엄마의 지지와 격려와 더불어 마음에 힘을 주는 음악이 있다면 아이의 불안함은 눈 녹듯이 사라질 것이다.

06

공격적인 행동을
할 때

"어머니, 우리 정현이는 어쩌면 이렇게 예의도 바르고 예쁘게 자라고 있는지, 제가 강의할 때마다 종종 정현이 이야기를 해요."

여덟 살의 정현이는 예의 바르고 항상 웃는 모습이다. 화목한 가정에서 바르게 잘 자라고 있어서 내가 보기에도 흐뭇하다. 며칠 전 정현이 엄마와 오랜만에 소리노리연구소에서 차를 마시게 되었다. 그런데 정현이 어머니께서 조심스럽게 나에게 상담을 요청하는 것이 아닌가.

"원장님, 우리 정현이가 요즘 들어서 부쩍 자주 대들어요. 지금까지 그런 적이 없었는데 갑자기 욱하면서 대들 때가 있어서 제가 너무 난처하기도 하고 당황되기도 해요. 그럴 때 정현이를 혼내거나 꾸짖는 건 아닌 것 같아서 일단 그냥 넘기기만 했어요. 우리 정현이의 성향에 대해 잘 아시는 원장님께 조언을 좀 부탁드릴게요.”

나는 정현이 엄마에게 이렇게 조언했다.

“정현이가 대들 때 당황스럽기도 하고 화도 나실 거예요. 하지만 그렇다고 해서 정현이를 야단부터 쳐선 안 됩니다. 정현이가 그런 행동을 보이는 건 자기 감정을 컨트롤할 수 있는 힘이 아직 부족하기 때문입니다. 정현이가 왜 그러는지부터 살펴보는 것이 바람직합니다.”

때로 아이가 기분에 따라서 반항하거나 대들 때가 있다. 그럴 때 엄마가 더 큰 목소리로 “어디 엄마한테 대들어?” 하고 바로 야단쳐선 안 된다. 어른인 우리도 감정 조절이 어려울 때가 있다. 다 알면서도, 혹은 이해할 수 있는 일에도 화를 먼저 내거나 속상한 말이 먼저 튀어나올 때가 있다. 어른들도 그럴진대 미성숙한 우리 아이들이야 실수도 더 잦고 감정 조절도 더 어려운 건 당연한 일이다.

아이가 자기 뜻대로 안 된다고 해서 대들거나 공격적인 행동을 한다면 먼저 아이의 입장에서 그 상황을 파악해야 한다. 아마 분명한 이유가 있을 것이다. 그 이유를 파악한 다음 아이에게 그럴 때 그런 행동은 바람직하지 않다는 것을 알게 해야 한다. 공격적인 행동이 아니어도 솔직한 표현을 통해 자신이 바라는 것을 얻을 수 있음을 가르쳐야 한다.

어릴 때부터 늘 음악을 가까이한 친구가 있다. 엄마 아빠가 음악을 즐기고 생활 속에서 항상 음악을 접하다 보니 성준이는 말을 배우면서부터 리듬도 함께 배워서 노래를 즐겨 불렀다.

"나는 지금 기분이 안 좋아. 엄마가 친구랑 못 놀게 해요~."

"지금은 배가 고파요. 나는 치킨을 먹고 싶어~."

다른 친구들은 말로 이야기를 하는데 성준이는 말에 멜로디를 붙여서 노래를 불렀다. 자신의 감정 표현을 노래로 한 것이다.

"언니, 성준이가 기분 나쁠 때는 어떻게 표현해요?"

"그때도 노래로 이야기하며 표현하던데? 보통 아이들은 짜증 부리고 그러지?"

"그럼요. 보통 울기도 하고 짜증 내기도 하고 욱해서 대들기도 하고 그래요."

"우리 성준이는 감정 표현 자체를 노래로 자주 해서 그런지 대들거나 하지는 않더라고."

여기서 중요한 것이 성준이가 욱하며 대들지 않는다는 것이다. 성준이의 음악성을 말하는 게 아니다. 성준이처럼 노래로 자신의 감정을 표현하다 보면 공격적인 감정도 순화되어 부정적인 감정의 농도가 한결 옅어지게 된다. 이처럼 성준이가 가진 좋은 감정 표현 방법을 내 아이에게도 알려주자.

말로 해서 되는 부분이 아니다. 자연스럽게 아이가 노래로 표현할 수 있는 환경을 만들어주면 도움이 된다. 엄마가 짧은 말이라도 멜로디를 붙여서 노래로 이야기를 해보자. 처음에는 아이가 신기해하거나 재밌게 받아들일 것이다. 그러다 보면 아이도 자연스레 노래로 마음을 표현하게 된다.

더해서 아이와 함께 어린이 뮤지컬을 보러 가보자. 배우들이 연기를 하면서 노래로 대화하기도 하는 뮤지컬은 평소에 대화하는 것과는 다른 느낌을 준다. 함께 공연을 보고 온 후에 아이와 더욱 자연스럽게 노래로 대화하기를 시도해볼 수 있겠다.

"혜수야, 어제 엄마랑 함께 본 뮤지컬 공연 어땠어? 오늘은 엄마랑 혜수도 노래로 이야기해볼까?"

이처럼 더욱 자연스럽게 아이에게 감정 표현의 한 방법을 알려줄 수 있다.

그동안 다양한 아이들을 보면서 늘 음악이 함께하는 환경에서 자라는 아이들이 감성이 풍부하며 표현력이 뛰어남을 확인할 수 있었다. 내 아이를 자신의 감정을 능숙히 컨트롤할 수 있는 행복한 아이로 만들고 싶다면 음악으로 코칭해보면 어떨까?

07

말수가 없고 자기표현을 못할 때

"현광아, 반가워. 오랜만이다. 그렇지?"

오랜만에 만난 현광이에게 반갑게 인사를 건넸다. 어릴 때는 소극적인 성향을 가지고 있던 아이였다. 그런데 오늘 만나고 보니 표정도 밝아 보이고 자신감도 많이 생긴 것 같아 나 역시 덩달아 기뻤다.

그런데 내가 기쁜 표정으로 현광이에게 말을 걸자 현광이는 더듬거리면서 대답하는 것이었다.

"아, 안녕……하세요?"

순간 방금 본 밝아 보이는 표정의 현광이는 내가 잘못 본 것인가, 하는 생각마저 들었다. 현광이는 왠지 모르게 자신이 없고,

표정은 반가워하는 것 같은데 말로 표현하는 것이 어려운 것 같
았다. 나는 현광이를 도와주고 싶었다.

"현광아, 오랜만에 원장님 만났는데, 오늘 원장님하고 신 나게
놀다가 갈래?"

"……네, ……근데, 저…….”

"괜찮아, 현광아. 원장 선생님께 이야기해볼래?"

나는 하고 싶은 말이 있어도 자신이 없어 자기표현을 하지 못
하는 현광이를 보면서 안타까운 마음이 들었다. 그래서 현광이
에게 음악으로 자기표현을 하는 법을 알려주고 싶었다.

♫ 음악 고르기

먼저 여러 음반을 꺼내어 보이며 현광이에게 하나를 고를 수
있도록 했다. 처음에 현광이가 고르기를 꺼리는 듯한 눈치가 보
여 "원장님도 하나 골라야지. 나는 이걸로 할래!" 하며 내가 먼저
고르는 모습을 보여주었다. 그러자 현광이도 고민하다가 자연스
레 한 장을 골랐다. 현광이의 눈에 가장 마음에 드는 음반을 고른
것이다.

어른이 선택한 곡을 들려줄 때도 있겠지만 아이에게 자유롭게
고를 수 있는 기회를 주는 것이 더 바람직하다. 아이의 성향이 소
극적일수록 무언가를 선택하는 재미와 즐거움을 알려주도록 해
보자.

♫ 음악 듣기

아이가 음악을 골랐다면 함께 들어보는 시간을 가지자. 아이 스스로 선택했으므로 아이는 호기심과 기대를 가지고 귀를 기울이게 된다. 이때 아이의 소극적인 성격, 자신감 없는 모습에 대한 수정이 빠르게 일어난다. 또한 자신의 기분을 표현하기에 수월한 분위기도 형성된다.

음악을 들으며 어느 정도 마음이 열리고 분위기가 자유로워졌다면 표현하기 단계로 자연스럽게 넘어가 보자.

♫ 표현하기

처음에는 가벼운 밑바탕이 있는 도화지가 좋겠다. 하얀 도화지에 무언가를 표현하기엔 어려운 생각이 들거나 어쩔 줄 몰라 할 수 있기 때문이다. 음악을 듣고 기분에 따라 그림을 그리거나 글을 적거나 선을 잇는 등 아이 마음대로 표현해볼 수 있게 도와주자. 이때 아이 혼자 하는 모습을 지켜보는 것보다 종이를 준비해서 엄마도 같이 참여하는 것이 좋다. 자기표현을 꺼리고 어려워하는 아이일수록 무언가를 혼자서 하기가 힘이 들 수 있다. 그래서 옆에서 누군가가 먼저 시작을 하면 자연스레 따라 하는 경우가 많다. 아이가 자연스럽게 해나갈 수 있는 분위기를 만들어 주어야 한다.

아이와 함께 음악을 고르고, 듣고, 느낀 감정을 자유롭게 표현하는 단계까지 여러 번 반복했다면 아이의 자기표현이 어느 정도 자유로워졌을 것이다. 그러면 이번에는 아이와 함께 '나만의 노래'를 만들어보자.

아이가 흥미를 느끼고 자유롭게 연주할 수 있는 악기라면 어떤 악기든 상관없다. 나이가 어리다면 드럼 종류나 터치 핸드벨 handbell 종류도 좋다. 아이가 자유롭게 연주하도록 하고 그 연주에 제목을 붙여주는 것이다.

　－오늘의 기분을 노래로 만들어보기
　－동화책을 보고 난 후 어떤 느낌인지 악기 연주로 표현해보기
　－토끼는 어떤 음악을 들으면 좋아할까?

이와 같이 다양한 이야기와 화제로 아이만의 노래를 만들어볼 수 있도록 도와주자. 아이가 피아노에 앉아서 연주할 수 있는 나이라면 피아노를 매개체로 아이 자신의 기분, 느낌을 자유롭게 표현해볼 수 있게 해보자.

피아노를 꼭 예쁜 손 모양으로, 악보대로, 틀리지 않고 쳐야만 하는 법은 없다. 그냥 마음 가는 대로 손길 가는 대로 치면 된다. 이처럼 아이의 느낌대로 자연스럽게 소리를 내볼 수 있게 하자.

나는 종종 아이들에게 이렇게 묻는다.

"공룡이 나타나면 어떤 소리가 날까?"

어떤 아이는 공룡 발자국 소리라며 두 손을 크게 들어 피아노를 쿵쿵 치기도 하고, 또 어떤 아이는 공룡이 나타났으니 모든 사람들이 숨어버렸다며 거의 아무 소리도 들리지 않을 만큼 아주 작은 소리로 표현하기도 한다. 이처럼 각자의 상상이 다르고 그날의 기분이 다르고 표현의 방법이 다르다.

나는 다음 날 아이들에게 다시 이렇게 질문해본다.

"어제 만난 공룡이 다시 나타난다면 어떤 기분이 들까?"

아이는 어제 상상했던 느낌을 기억하며 피아노로 표현한다. 그렇게 하나둘 아이만의 노래로 만들어갈 수 있도록 도와주자. 주의할 점은 엄마의 생각이나 방법을 강요하느라 아이의 자유로운 생각과 상상력을 해쳐선 안 된다는 것이다. 내 아이는 천재라고 생각하고 지지하고 응원을 보내자.

08

의기소침해하고
우울해할 때

"윤희야, 오늘 기분이 안 좋아? 우리 윤희가 우울해 보여. 유치원에서 친구랑 다투었니? 아니면 선생님께 혼났어?"

"……."

"괜찮아, 엄마한테는 다 이야기해도 돼. 엄마는 언제나 윤희 편이니까."

"그냥 자꾸만 기분이 안 좋아요. 마음이 슬퍼져요."

올해 일곱 살 난 윤희가 근래 들어 자주 우울한 표정을 보인다. 그래서 윤희 엄마는 요즘 윤희의 표정을 살피느라 바쁘다. 유치원에서 어떤 문제가 있었는지 걱정도 되고, 혹 소아 우울증은 아닌지 염려된다며, 엄마 역시 우울한 표정으로 상담을 요청해

왔다.

"어머니 표정까지 덩달아 우울해 보이세요. 아이가 우울해한다고 엄마도 우울해지면 아이에게 좋은 에너지가 발산되기 어려워요. 어머니께서 밝은 표정으로 아이와 함께하셔야 해요."

"원장님, 제 얼굴이 그렇게 우울해 보이나요? 저도 사람인지라 감정 컨트롤이 잘 안 되네요."

이럴 경우 아이에게 어떤 음악을 들려주면 도움이 될까? 기분이 우울하고 의기소침할 때는 너무 경쾌하고 밝은 곡보다는 설렘을 줄 수 있는 음악이 도움이 된다. 자신도 모르게 마음이 즐거워지는 것을 경험하게 될 것이다. 우울해한다고 기분과 너무 반대인 곡을 들려주면 '나와는 상관없는' 것으로 인지해버리기 때문에 그 음악이 듣기 싫어지거나 그 상황마저도 짜증이 날 수가 있다. 따라서 서서히 아이의 마음을 기분 좋게 터치해주는 것이 중요하다.

가장 효과적인 것은 아이가 평소에 좋아하는 노래를 들려주는 것이다. 흥얼흥얼 따라 부르는 노래라면 더 좋겠다. 음악으로 기분 전환을 하는 것이 어떤 것인지 아이가 느끼게 될 것이다. 내 아이가 평소 좋아하는 음악에 대해 알아보자. 그리고 노트에 죽 적어보자.

통기타 연주곡은 기계음으로 녹음한 곡보다 진짜 통기타로 직접 녹음한 곡이 많다. 아이들의 귀를 해치지도 않으면서 음악을 들었을 때 어렵게 느껴지지 않아서 좋다. 또한 주위에서 접할 기회도 비교적 잦기에 아이가 실제 악기를 접했을 때 새로운 에너지도 함께 발산할 가능성이 높다.

아이가 자신이 들어봤던 통기타 연주곡의 주인공인 악기(통기타)를 직접 만났을 때는 무척 설레고 또 색다른 감정을 느끼게 된다. 만약 엄마나 아빠 두 사람 중에서 통기타를 직접 연주해줄 수 있는 사람이 있다면 금상첨화다. 실제 악기의 소리를 듣고 그 악기를 보게 되면 아이에게는 신세계를 만난 것처럼 신기한 경험이 된다. 그 경험이 아이의 마음을 치유하는 친구가 될 수도 있다.

만약 기타에 대해 아이가 관심을 보이고 악기를 배우기를 원한다면? 그렇지만 아이가 아직 어려 기타를 연주하기엔 어려움이 있다면? 나는 엄마와 함께 우쿨렐레를 배워볼 것을 권한다. 기타보다 훨씬 작고 귀여운 악기다. 크기뿐만 아니라 줄도 다르다. 기타는 여섯 줄, 우쿨렐레는 네 줄이다. 요즘 TV에서도 자주 볼 수 있는 우쿨렐레는 하와이 민속 악기다. 우쿨렐레의 밝고 명랑한 소리가 상큼한 기분을 만들어준다. 또한 아이들도 쉽게 배워볼 수 있는 악기라 엄마나 아빠와 더불어 도전해볼 만하다. 이처럼 함께 악기를 배우는 것도 아주 근사한 일이다.

어른도 때때로 의기소침하고 우울할 때가 있다. 이렇다 할 이유 없이 자신도 없고 무기력해질 때가 있다는 말이다. 매일매일 에너지를 100% 충전할 수 있다면 정말 좋을 텐데 사람인지라 그렇게 하기가 쉽지 않지 않다.

하지만 그런 감정이 자주 찾아온다면 우울한 감정을 방어하고 컨트롤해야 한다. 우울감이 주는 에너지보다 자신감 넘치고 활기찬 감정이 주는 에너지가 행복한 삶을 살도록 도와주기 때문이다.

아이가 의기소침해하고 우울해할 때 나는 아이에게 음악을 선물하라고 조언한다. 멋들어진 감성을 선물하는 것은 아이가 행복한 어른으로 자라게 할 뿐만 아니라 나아가 인생을 감성 부자로 살아갈 수 있게 하는 비결이다. 감성이 풍부한 사람이 그렇지 않은 사람에 비해 훨씬 풍요롭고 행복한 인생을 살아간다.

지금부터 내 아이를 자신의 감정을 컨트롤할 수 있는 단단한 아이로 키우자. 자신의 감정을 컨트롤할 수 있다면 우울한 기분쯤은 가볍게 떨쳐버릴 수 있다. 그만큼 마음에 여유가 생겨난다.

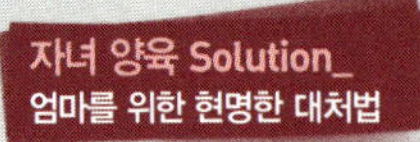

효과적인 감정 코칭을 위한
세 가지 실천 전략

좋은 감정이든 나쁜 감정이든 아이가 자신의 감정을 표현할 수 있도록 도와줘야 한다. 좋은 감정을 표현하기는 쉽다. 좋은 감정을 표현하는 것은 모두를 기분 좋게 하기 때문이다. 하지만 섭섭하거나 화가 나거나 하는 부정적인 감정들은 대부분 숨기거나 참곤 한다. 살아가다 보면 그런 감정은 드러내서 좋을 게 없다고 인식하게 되기 때문이다. 그러나 그렇게 참고 살다 보면 가슴속에 화가 쌓여 어느 순간 폭발하게 된다. 내 아이에게만큼은 그런 일이 일어나지 않도록 감정을 자유롭게 표현하는 방법을 일러주자. 다음 세 가지를 기억하면 된다.

첫째, 현재의 감정을 편하게 말할 수 있도록 도와주기

기분이 나쁘거나 속상하거나 질투가 나거나 밉거나 하는 감정들도 말로 표현할 수 있다는 걸 알려주자.

　둘째, 아이의 현재 감정에 공감해주기
　아이가 느끼는 감정을 엄마도 충분히 공감하며 들어주자. 아이와 대화할 때 아이의 눈을 바라보면서 아이의 말에 충분히 공감하고 있음을 아이가 느끼게 해주자. 이때 적절한 제스처를 곁들이면 효과는 배가 된다.

　셋째, 감정을 다스리는 방법을 함께 찾아보기
　화가 날 때, 질투가 날 때, 짜증이 날 때, 두렵고 무서울 때, 너무 행복할 때 등등 감정의 변화가 일어날 때 어떻게 그 감정을 다스리는지 알려주자. 엄마와 둘만의 표현 방법을 만들면 도움이 된다. 예를 들어 화가 날 때는 노래하고 춤추기, 질투가 날 때는 아이의 예쁜 사진 보기, 행복할 때는 마음껏 웃거나 맛있는 요리 함께하기 등이다. 정답은 없다. 아이와 엄마가 함께 정하면 된다.